园林工程图析

[英] 克里斯托夫·布里克尔　主编

凤凰空间·华南编辑部　译

U0311666

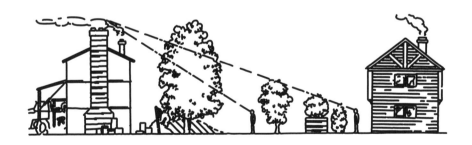

江苏凤凰美术出版社

图书在版编目（CIP）数据

园林工程图析 /（英）克里斯托夫·布里克尔主编；
凤凰空间·华南编辑部译 . -- 南京：江苏凤凰美术出版
社，2019.11

ISBN 978-7-5580-4528-8

Ⅰ . ①园… Ⅱ . ①克… ②凤… Ⅲ . ①园林设计–工
程制图 Ⅳ . ① TU986.2

中国版本图书馆 CIP 数据核字 (2019) 第 235277 号

江苏省版权局著作权合同登记 国字：10-2019-539 号

First published in 2006 by Mitchell Beazley, an imprint of Octopus Publishing Group Ltd,
Carmelite House, 50 Victoria Embankment, London, EC4Y 0DZ
Copyright © Octopus Publishing Group Ltd 2006, 2019
All rights reserved.

出版统筹	王林军
策划编辑	段建姣
责任编辑	王左佐　韩　冰
助理编辑	许逸灵
特邀编辑	任铭裕　段建姣
责任校对	刁海裕
责任监印	张宇华

书　　名	园林工程图析
主　　编	[英]克里斯托夫·布里克尔
译　　者	凤凰空间·华南编辑部
出版发行	江苏凤凰美术出版社（南京市中央路165号　邮编：210009）
出版社网址	http：//www.jsmscbs.com.cn
总 经 销	天津凤凰空间文化传媒有限公司
总经销网址	http://www.ifengspace.cn
印　　刷	天津久佳雅创印刷有限公司
开　　本	787mm×1092mm　1/16
印　　张	14
版　　次	2019年11月第1版　2019年11月第1次印刷
标准书号	ISBN 978-7-5580-4528-8
定　　价	98.00元

营销部电话　025-68155790　营销部地址　南京市中央路165号
江苏凤凰美术出版社图书凡印装错误可向承印厂调换

目录

前言

本书从备受欢迎的系列丛书中汲取灵感，其中包括《园艺百科全书》，并对内容经过了修订更新。本书概括了如何成功打造一个花园的原则，诠释了怎样把这些原则应用到建造花园的实际施工建设中。在本书中，技能被认为是规划建设花园的基础，但同时又是重点。因为采取的是"亲力亲为"打造花园的方法，所以本书充分地阐述了所提及到的技能，还常附有详细的图解分步操作说明。

关于本书

本书分为两大部分：规划与施工建设。

由打造花园的首要工作入手：对场地进行调查和全方位的评估，同时制定该阶段必需的规划。无论是从无到有打造一个花园，还是改造花园的某一小部分，都必须遵循和应用一些基本原则。充分做好规划是有必要的，这有利于工作的开展，尤其是要赋予花园一些功能时更能体现其作用。

本书的第一部分介绍了如何从实际出发来规划平面图，通过展现多个成功花园规划范例来进行详细说明，例子包括带有停车区的功能性小镇花园，也有满足家庭日常活动需要的大花园等。此外，无论是位于寒冷地区的花园还是位于炎热干旱地区的花园，其所处位置的差异性、需求及合适的设计方法都在本书中有所讨论。关于低维护花园的设计及坡地花园的处理问题，本书也有所解答。

园主自身的品位爱好会对花园规划有所影响。园主可从多处寻找打造花园的灵感，例如书籍、电视节目和园艺商场等都是灵感的好来源，但最有价值的方法是实地去探寻观摩其他花园。在挑选花园中的使用材料时，倒是可以好好利用网络进行信息筛选。

流行样式一直在花园设计中占有一席之地。流行性的积极一面是它促进着商家引进一系列材料，以此来吸引园艺者更新其花园。同时，生产商制造出传统高价材料的低价替代品，让预算紧张的园艺者们也能买得起。另一方面，流行性会令人盲目。例如，当你在铺设园路或建设露台时，用不同形状的石板拼铺看似是有些过时的做法，但如果这种做法与该花园设计风格相吻合，并且你喜欢这种做法，那么就不应该因为它有些过时而拒绝了。无意义的做法是应用了当下花园设计的最流行样式，但你并不喜欢，花园也没有增添什么功能。要记住的一点，流行的样式即便在现在很流行，在往后五到十年的时间里也会过时。

每个有素质的花园主人都应该留心注意周围的环境问题。花园里最好能营造吸引小动物的生态环境。在清理场地时，要考虑一下材料可以在哪里再次利用。无论是作为花园施工建设还是作为装饰效果，循环利用旧物是极好的做法。

本书的第二部分是关于如何处理硬质景观要素和其他花园构筑物。该部分指导你如何选择合适的材料和设计，以及如何建造园路、地基、砖墙、露天平台、池塘和藤架等。

关于台阶、墙壁、围栏和门的类型选择及建造的实践经验在本书中也有所展现，其中一小节内容专门讲述花园里水景设计的选址和池塘的创建。其他的花园构筑物，例如凉亭、娱乐设施、花园家具以及花园里的照明灯具也都在书中有所解释。

虽然很多园主对施工建设的工作更倾向于寻找专业的帮助，但竖起围栏、铺设园路、建造木平台这些事情只需基本技能，很容易掌握。自己动手做肯定比雇佣他人要便宜，而且从自己亲手所做的东西中能获得强烈的满足感。

花园里的安全问题

法律法规如今限制了相当一部分的化学药品在花园里的使用，因此相对保证了接触到的大多数材料是无毒无害的，细心遵循生产商的使用说明就好。园主也要遵守一些法则，例如不要忘记有些建设需要得到当地政府的批准才可实行。事故通常由粗心大意引发，如工具容易绊倒人，因此要养成把使用过的工具收拾好的习惯。虽然没有必要过分担心使用电动工具会带来危险，但要有明智的预防措施，尤其当你在水边操作电动工具时须特别留神。花园里的电气安装工程，则应该交由专业的电工来操作。还有，在花园进行施工建设时，穿着恰当也很重要。

规划

打造花园是一件激动人心的事情，你可能满脑子都是灵感，并且迫切希望看到想法成真。但是，与许多事情一样，这不能仓促实现，做好规划是重中之重。充分考虑并谨慎规划，过程中还要一边进行反思，一边进行调整。若是仓促而行，你会发现很容易出错，这样既浪费金钱又白费努力。花园规划部分将以合理的逻辑进行讲述，包括充分评估场地所需要的步骤，成功设计一个花园的潜在原则，如何选择和发展形成一个适合花园的规模、形态、功能和位置的设计方案。

功能

任何花园设计都需回答的一个问题是：这个花园是用来干什么的？这可能是一个满足家庭需要的花园，又可能是一个植物爱好者的乡村花园，还可能是一个需配备停车区的屋前花园。花园内部要包含一些功能区，例如休憩区、娱乐区和蔬菜种植区等，还要具备通达的园路系统。如果一个花园不具备良好的功能，那么这个花园将不会被使用，并将因此而被忽略。

在一个美观宜人的空间里加入花园的功能性规划应遵循一些基本原则，这些原

则能使花园规模、比例、构图都得到均衡，令花园保持功能协调和整体可延续。书里还将介绍一些处理坡地花园和清除花园障碍物的方法。

风格与位置

花园的风格受它的功能影响，但也受其他因素影响，如形态、规模、与花园相关的建筑物、所需要的维护量和花园的地理位置等。书中讲述了多种地区中不同风格与功能的花园设计，从城镇到郊区乃至野外的花园都有所提及，从寒冷地区到炎热地区的花园也有展示。

保护

当你在为创新性设计选择材料时，要确保这些材料是有可持续来源的。在可能的情况下，再次利用花园中之前使用过的材料，这有一个不可多得的好处，就是这些被循环使用的石头和木材已经接受过风雨的洗礼和大自然的打磨，能够立竿见影地削弱新建构筑物的表面硬质感。新开采石材会对环境产生破坏，而只需稍微寻找一下，就能得到可再次利用的石头。对于木材产品，则应确保其是来自可再生资源的。

从何处开始

现在从一个三角形示意图来构想你心中完美的花园。首先，这个花园要具有一定的功能，满足园主的需求。然后，选择花园的风格，不仅是从自身的喜好出发，还要根据如何与场地协调的角度来考虑。最后，思考花园的功能和风格可能被场地的限制因素（形态、规模、方位、气候等）如何影响。把这三个设计因素协调统一在一起，是你得出完美方案的不二法门。

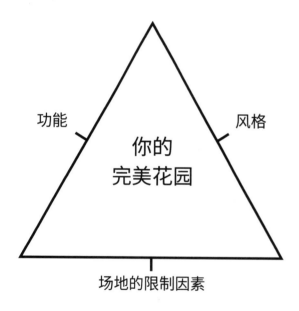

一些设计者喜欢"实地设计"，也就是说，他们省去了把设计想法记录到纸上的步骤。这种方法可行，但它需要强大的技能和记忆力。比起在纸上，发生在实地设计的错误会导致巨大的损失，并且难以纠正。更直白一点来说，对于一个设计新手，即使是一块普通场地也是难以掌控的。因此，图纸规划不可忽视。

照片记录

当开始评估场地时，对全场地做一个充分的照片记录是很有帮助的。从正常站立或坐下的位置拍照，因为这是观赏花园时最常用的高度。这些照片可以钉在一块板上，更好地以全景形式展现。叠加照片并覆盖上硫酸纸，你可在纸上速写各种事物，例如不同的树形、路径、拱门或者棚架等。随着时间的变迁，改造前后的花园照片也是对花园发展变化的有趣反映。

调研的重要性

对场地的大小及形态特征进行准确的记录是至关重要的。一般是从测量场地开始进行调研，在测量过程中，看见并记住每个场景，有助于熟悉了解花园。

在制定测量平面图前，可以先查一下是否已存在测量过的平面图。如果是新场地或是最近进行过大改造的场地，那么参与项目的设计师和开发者可能掌握着房屋及所属小地块的调研资料，这时你就可以利用现有的平面图而不需要自己制定了。但是在使用之前，要检查比例和至少几个测量值，如发现有错误，请调整至正确比例才能使用。

寻求专业帮助

如果场地特别大或地形复杂，自己来测量就会难度大增。对于面积超过 0.4 hm^2 的场地，雇请专业测量师来测量可能更划算和准确。利用一些专业测量工具，例如激光仪器和电脑绘图仪，能够使业余测量者几乎无法克服的测量问题变得简单化。

测绘平面图

开始测量

收集到的测量资料是绘制平面图和进行设计改造的基础，因此应有条不紊地进行测量工作。首先以每步大概 1m 的步幅在场地来回踱步，大致测量花园的横纵向最长距离，这样有助于决定平面图所使用的合适比例。比例越大，记录的东西越详细，比例 1：50 要比 1：100 要大，相应地，展示的内容也更多。

绘制房屋

再次利用步测方法，确定房屋的大致大小和在场地中的位置，用铅笔在图纸上标画出来。然后使用卷尺对房屋再次测量，并按比例将其绘制到图纸上。

许多后续的测量将以房屋的墙壁作为"基准线"，因此测量房屋时需尽可能使数据准确。同时，要测量的事物还包括排水管和门窗（注意它们是向内开还是向外开）。如果屋檐较宽，要用虚线表示其伸出的距离，因为屋檐会导致"雨影"现象，使得下方区域较为干燥。

三角测量

在测绘房屋后，如右图所示，分别给房屋的每个角落标记一个字母代码。然后，通过三角测量的方法，利用房屋的角点和按比例转化的测量距离，将花园的边界点定位并绘制到图纸上。右图的例子中，先用卷尺测得从房屋角 A 到花园边界点（如点 1）的实际尺寸，按比例转化后得到相应的图纸上尺寸，然后将圆规支开使半径等于该转化后的尺寸，再把圆规尖置于房屋角 A 处，使圆规自带的铅笔在边界点 1 的大致位

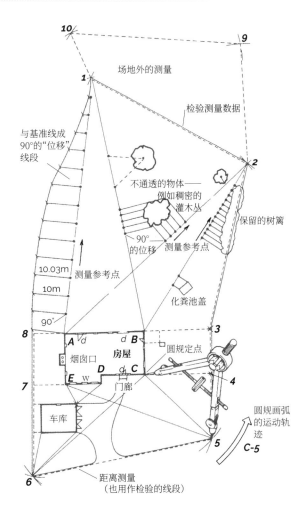

置处画出弧线。遵循同样的步骤画出房屋角 B 到边界点 1 的弧线，这样两条弧线的相交点即为边界点 1 的准确位置。

每个边界点都确定后，可将它们连线。实地测量边界点之间的距离，检验是否与平面图上的距离相符。

测绘平面图

对于一个非常大的花园，若其距离超过 30m 甚至 50m 的卷尺长度，或者部分区域不在正常视野范围之内，依然能够通过跨越式的三角测量方法来测量。在第 9 页所示的例子中，所绘制的线段 1—2 被作为下一段测量的基准线，用于定位点 9 和点 10。

位移

如要绘制曲线，可采用"位移"的方法。位移线是与基准线成 90°的线，通常以均匀的间隔排列，比如 1m、2m、3m。曲线越复杂，位移的线段排列越紧密。

在第 9 页的测绘平面图中，边界线 1—8 是依靠最近的基准线 A—1 绘制的，但如果没有基准线可以作为位移的参考，你就要先建立一条基准线。

每一条从基准线处出发的位移线段，最后都要画上表示线段终止的点，然后用铅笔把这些点连起来表示曲线边界。这里有一个重点，要确保测量位移线

位移测量的尺子摆放

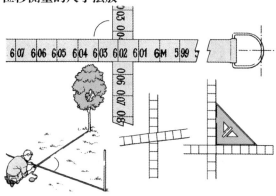

利用位移测量的方法确立树木的准确位置 **错误：**尺子摆放不呈90°会导致读数错误。 **正确：**以三角板检验卷尺摆放是否垂直。

段的卷尺是与基准线成 90°直角的：可以在地面上沿着基准线拉起第二把卷尺（保证卷尺放平整），然后用大型三角板来检验位移线段是否与基准线垂直。

位移和三角测量结合起来能够在测量平面图上确定物体的准确位置，例如第 9 页例子中的树木。

瞄准

如果场地是正方形或长方形，场地上的房屋也呈方形布置，而且边界与房屋邻近，那就不需要利用三角测量的方法来定位了。一种被称作"瞄准"的方法可胜任这个工作，但需要两个人来执行。首先，一个人选择一面合适的房屋墙壁当做基准物，从墙的位置向外看。第二个人在第一个人的指示下，将一根测杆放在需绘制的物体或边界处，并把杆插入土地，然后测量该杆位置与墙壁之间的垂直距离。

测杆

测杆可作为移动的参考点，尤其是当场地上没有其他测量过的物理参考点时，测杆更加有用。

当在三角测量中使用测杆时，要记得把测杆排列布置成三角形，这样能使它们之间的空间一目了然。

添加细节

"扁平式"的测绘平面图是以鸟瞰的视角来看场地特征，这的确很重要，但还有其他影响设计的信息，需要一并记录到平面图上，或者单独分开记录。其中一个重要的细节是需要记录地面上的起伏情况。

竖向变化

无论你想设计什么风格的花园，都需要考虑场地的竖向变化。

比如说，如果你在设计一个坡地花园，花园里可能有露台和台阶，那么你需要掌握准确的坡度信息。当沿坡修筑台阶时，你必须计算好台阶的数目、尺寸和升降角度。

测量竖向变化

竖向变化可用简单的设备来测量。如果是测量"点"的相对位置（指花园中某一特定点相对于另一点的位置）就更简单了，例如，庭院门相对于井盖或树基的位置，或是花园的四角相对于各自的位置。

执行计划

完成设计后，试想一下实施的策略。你需要列出各项工作的时间表，写下哪些工作是自己执行的，哪些是需要请工人来做的。

供应商和承包商可以从你认识的或者被别人推荐的名单中来选择，最好还能从承包商处获得建议再进行场地的建设工作。

预算与合同

在采购订单确定前，应该先做好预算。预算有可能会发生变化，而且通常价格更有可能是上升而不是下降。

如果是面对专业的供应商，尽可能向其索要报价单，在上面列出双方协议的最终价格。承包商的费用会根据情况变化而发生改变，其中包括劳动力费用。确保报价与预算相符，同时商定付款条件和付款时间。合同期间若有改动将涉及的费用问题，应该事前商定而不是事后商定。

操作的顺序

建造花园的逻辑顺序如下所示：

1. 完成花园规划，附有细节。
2. 准备工作时间表，根据季节变化做相应的事情。
3. 订购建筑材料和植物，植物需要选择合适的送达时间。
4. 清理花园，除去不必要的杂草和其他杂物。
5. 整土，注意不要把底土和表土相混。
6. 安装地下线路和管道。
7. 建造竖向构筑和地面上的硬质景观。
8. 培育种植区，根据需要回填或清理表土。
9. 执行种植计划并做好护根工作。
10. 施用化肥和适合土地类型的地表排水材料。
12. 做最后的检查或调整。
13. 制定维护时间表。
14. 欣赏花园并观察花园的变化。为花园拍照记录，因为随着时间进展和季相变化，花园会有所改变。

场地评估

利用墙体或其他构筑物来得出地面高差

首先可以依坡建一道墙体，保证其接缝平整并清晰可见。在墙体接触坡顶的接缝处做记号，然后从该接缝处沿水平方向到达墙体另一端，量度从这端的接缝位置到地面的垂直高度，读数反映的就是坡的垂直高度，而墙体的水平距离即为坡的水平距离。

利用面板围栏

用于花园围栏的预制面板，其顶部须是平整设置的。这意味着，地面垂直高度能够通过用测量值 h_1、h_2、h_3……相加的方法得出。

利用水平尺和直尺

选择一把约 2m 的木制直尺，在它的上面叠放一把水平尺。然后，把直尺的一端放于地面最高处，再把直尺的另一端托起，直到水平尺里的水泡居中。

在被托起的直尺一端的位置之下，往地里插入一小木桩，使小木桩能平稳地承托着直尺，而这时水平尺正好显示直尺处于水平状态，那么即可量度木桩顶部离地的高度，再根据该直尺的相应长度，可反映这一小段的坡度情况。重复上述步骤可测整个坡度。

利用水龙软管和两个漏斗

由两个人手持水龙软管的两端（见第 13 页）。用浇水壶往被固定在较高处的漏斗 A 里注水，令水也流入位于较低处的漏斗 B 里。将漏斗 B 上下移动，直到两漏斗里的水盈满但不溢出，此时两漏斗处于同一水平状态。两漏斗离地距离相减即为相对高度。

利用构筑物得出地面高差

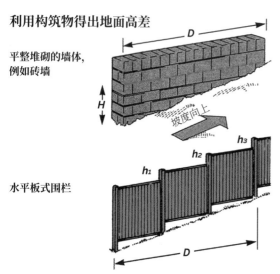

平整堆砌的墙体，
例如砖墙

水平板式围栏

墙体： H 即在距离 D 上相应的高度
围栏： 在距离 D 上相应的高度 $h_1 + h_2 + h_3$

利用水平尺和直尺来得出高差

直尺首尾相连的累加测量值表示坡地的长度。

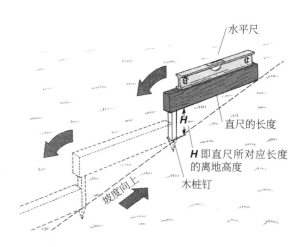

水平尺

直尺的长度

H 即直尺所对应长度的离地高度

木桩钉

坡度向上

公式 1

花园的长度：78m
———————————— ＝
墙体的长度：16m

墙体到地面的垂直高度：0.45m
花园的总高差：2.19m

公式 2

计算如下：

花园的全长等于直尺长度的相加值，高度等于直尺到地面垂直高度的累加值。

例子：

花园约长 72m，直尺长 2m。因此，花园全长需要 36 个该直尺长度累加起来。

用直尺量得地面总高差为 4.5m。地面高差在坡地上可能会稍微不同，总高差 4.5m，平均分给 36 个直尺长度，可得平均每 2m 升降 12.5cm，即相当于平均每 1m 升降 6.25cm。

一种常见的手持水准仪

结合基准杆和"移动"测杆，可利用手持水准仪确定水平面的变化。

物像

15mm²

大约 120mm

目镜

水平放大视图

指示水平的直线

竖立在远处的带刻度测杆

半透明显示屏

水准仪上部气泡的映像

水泡被直线"平分"，表示手持水准仪处于水平状态

利用水龙软管和两个漏斗来得出高差

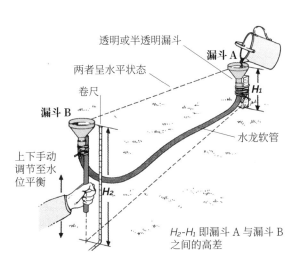

透明或半透明漏斗

漏斗 A

两者呈水平状态

H_1

卷尺

漏斗 B

水龙软管

上下手动调节至水位平衡

H_2

H_2-H_1 即漏斗 A 与漏斗 B 之间的高差

利用手持水准仪和测杆

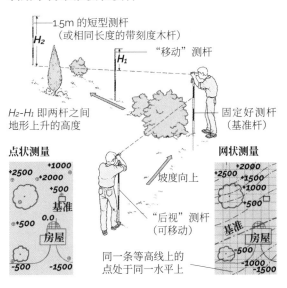

1.5m 的短型测杆（或相同长度的带刻度木杆）

H_2

H_1

"移动"测杆

H_2-H_1 即两杆之间地形上升的高度

固定好测杆（基准杆）

点状测量

+2500 +1000
+2000
+500
基准
0.0
+500
房屋
-500
-1500

坡度向上

"后视"测杆（可移动）

同一条等高线上的点处于同一水平上

网状测量

+2500 +2000
+1500
+1000
+500
基准
房屋
-500
-1000 -1500

场地评估

利用手持水准仪

手持水准仪是一种价格较为便宜的光学仪器。上下轻轻地倾斜手持水准仪，使指示水平的黑线最终与水准管里的气泡重合，这表明此时仪器是水平的。用几根测杆一起操作，可以得出地形的高差变化。

测杆长度要一致，约 1.5m 比较适合，而且标有相同的刻度。在最低点处把一根测杆插进地里，以其为基准杆，并且在完成所有测量的过程中，基准杆一直处于原地不动。

记下基准杆往地里插入了多少个单位长度，然后将"移动"测杆在待测地面高度的位置插入相同的单位长度。把手持水准仪放在基准杆的顶部上，从目镜往里看，上下轻移水准仪，直到里面的水平线平分水泡，再看水平线与"移动"杆的哪个刻度重合。通过记录超过手持水准仪的水平线的刻度格，可估计地形的起伏变化，然后以正数形式写在测绘平面图上，如 +450mm 或 +750mm。

有时可能需要测量比基准杆地势低的位置，此时的测量数据则以负数形式记录到测绘平面图上，如 -300mm 或 -900mm。

评估一个已成型的花园

如果你接手了一个已成型的花园，希望通过对其稍作改变来满足自身的需求，需要做的是先对这个花园进行观察评估，但不要立刻下定论，因为一年四季中总有植物处于休眠状态，花园四季各有变化，因此，明智的做法是用一年的时间来观察一个花园。

使用 pH 酸度计或"试管"简易装置检测土壤

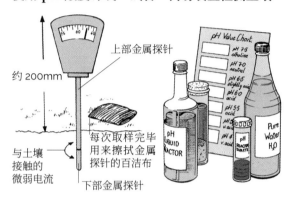

约 200mm

上部金属探针

与土壤接触的微弱电流

每次取样完毕用来擦拭金属探针的百洁布

下部金属探针

检测土壤类型

如要让设计中指定的植物繁盛生长，则先要保证土壤条件良好。在一个新花园中，对土壤做适当的检测比只依赖表面上的观察要好。首先是检测土壤的结构。第二步是检测土壤的质地。如有需要，可采取措施使土壤变得更接近疏松型团粒状结构，以利于水的渗透、空气的流通和根系的延伸。

检测土壤的 pH 值

pH 值指示着土壤的酸碱性，并且决定着哪些植物类型可在该土地上繁茂生长。pH 值高于 7.5 为碱性，7 为中性，低于 7 则为酸性，pH 值 4.5 代表极酸性。你可以使用 pH 酸度计或从园艺商店买来类似"试管"的简易装置来检测花园土壤的 pH 值。

多取几个样本，因为场地中不同位置的土壤条件不尽相同。深入地下约 150mm 处取样，然后尽可能迅速做检测，因为离开地下也会对酸碱性有影响。

建造花园的工具

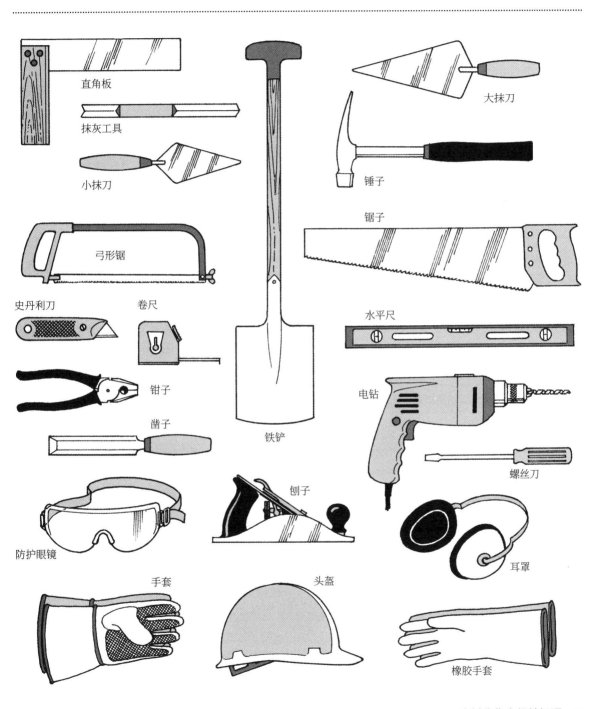

直角板

抹灰工具

小抹刀

大抹刀

锤子

锯子

弓形锯

史丹利刀

卷尺

水平尺

钳子

电钻

凿子

铁铲

螺丝刀

刨子

防护眼镜

耳罩

手套

头盔

橡胶手套

花园的功能

需求与期望

首先将花园所需的事物列成清单，这份清单可能较为复杂，它包括什么是需要设置的，以及什么是可以期望设置的。真正需要的东西必须优先考虑。例如，菜园可能是必需的。期望设置的可能是玫瑰园、游泳池或天鹅绒般柔软的草坪等。

为每个人服务的花园

将所有家庭成员的需求和期望整合到一个和谐统一的有机体里是花园设计最困难的部分。首先，召开一个各抒己见的家庭会议，将大家的要求列成表。表中的要求可能无法全部实行，但仍要尽量照顾大家的需求，因此需要用心研究这份表，然后勾画功能平面图（第21页所示）。拿出一张描图纸，叠加在场地评估平面图上，圈画出适合放置拟建设施的位置，在纸上对功能模块进行改动调整，确保设置合理。

保证每个功能区域有比较恰当的大小和基本形状。由于一些垂直元素的比例关系，如果没有合理的空间，某些功能就无法体现出来。在这一阶段的工作里，暂且先不注重细致的形态构成（这是设计的下一阶段），只需简要确定事物在哪里发展和怎样发展即可。

功能平面图的例子

在场地评估平面图上叠加描图纸，并在纸上绘制功能平面图（见第19页），这是花园设计的真正开始。

屋前花园　从房屋前面开始进入的车道需要改造升级，尽量使该区域有宽阔的小车转弯区或额外的临时停车位。从外面路边看到的车库应给人一种视觉柔和的感觉，可以进行简单的种植对车库进行部分遮掩。车道的另一边也可以稍微种植点缀，或者给予规则式的装饰。

通道　房屋的两侧各需要一条通道，这也像是分隔前院和后院的屏障。房屋的遮阴面为蕨类植物和喜阴性植物提供了生长机遇，而房屋的向阳面是种植蔬菜和香草植物的最佳位置，尤其是靠近厨房门的位置。

设置休息平台　房屋后面一直持续到下午都有阳光的位置，是进行餐饮和日光浴等活动的好地方，可设置休息平台。这平台要足够大以放置一些物体，例如一张直径9m的四脚桌，也需要留出直径约4m的地方来容纳。

远离房屋的地方　在休息平台之外是一片开放式的草坪，周边有其他小构筑点缀，而草坪的左侧是留给孩子玩耍的区域。在远处的角落里种植乔木和灌木，与隔壁地块的乔灌木相连，目的是营造疏林地的效果，同时将边界围栏隐藏起来。从功能性上来讲，这样的种植能够成为抵抗冬天寒风的有效屏障。在更远的右方区域，需要种植更多的树木，将邻居家的房屋遮掩住，该片区域还可以作为第二个休息区。

不美观的设施　对于一些不美观但同时又是必需的设施，例如化粪池盖，设计师的工作是既要把它们囊括在花园其中，又要让它们尽可能不可见。

另外，园路需要小心谨慎地铺置，因为它们是花园设计的"骨架"。在下一阶段，路径需要进一步精确设置。

▲ 专业设计师通常从房屋往外看，
为后花园勾画功能平面图。从上
图设计布局可以看出，由上升平
台到用于休息放松的开放区域之
间的过渡很合理。

◀该花园的设计简单而平淡；再进行设计时可设置一个面积更大的休息平台，同时用弯曲的路径和边界来形成视觉对比的效果。

当添加构筑物，例如建造▶水池或者增加木平台时，要计算好正确的大小。

▼ 在任何类型的花园里，像温室这样重要的建筑，都是应该很容易到达的，并且要被设置在经深思熟虑后的位置。

花园的功能

基本的功能平面图

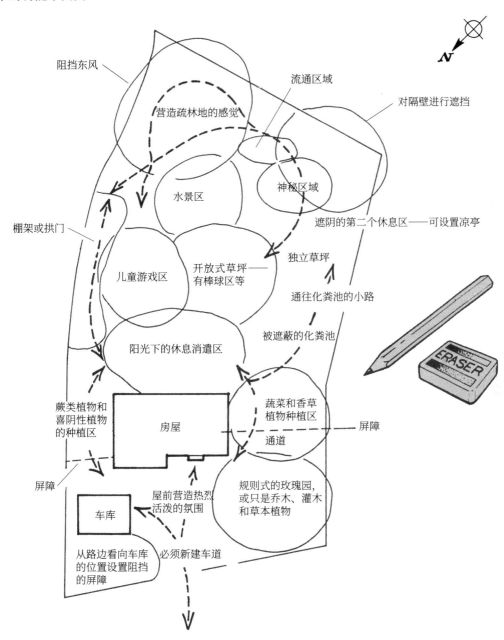

阻挡东风

营造疏林地的感觉

流通区域

对隔壁进行遮挡

水景区

神秘区域

棚架或拱门

遮阴的第二个休息区——可设置凉亭

儿童游戏区

开放式草坪——有棒球区等

独立草坪

通往化粪池的小路

被遮蔽的化粪池

阳光下的休息消遣区

蕨类植物和喜阴性植物的种植区

房屋

蔬菜和香草植物种植区

屏障

通道

屏障

规则式的玫瑰园，或只是乔木、灌木和草本植物

车库

屋前营造热烈活泼的氛围

从路边看向车库的位置设置阻挡的屏障

必须新建车道

ERASER

理论与方法

如要将功能平面图转化为令人满意的设计草案，你需要了解一些设计的基本原则。

连续性

花园的设计不应是各个空间完全独立。即使从一个空间看不到另一个空间，依然需要保持连续性。连续性有利于形成良好的架构，而且花园越是不规则式，越是需要一贯的连续性。

和谐性

和谐性让各部分组成互相适应与均衡，从而形成一个适度宜人的整体。和谐性要在一个花园中显现是一个漫长的过程，铺装或竖向构筑或多或少会产生即时效果，但植物需要数年的发展成熟，才能展现繁茂的姿态。尽管需要很长时间才能达到和谐的效果，但设计师从一开始就应把这要素记在心上。

在花园设计中使用不同的形状来创造和谐性

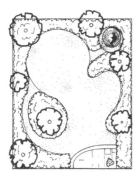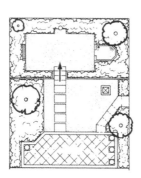

在大型花园里使用曲线形状创造和谐性。

在小型花园里使用矩形和多边形创造和谐性。

不同类型的和谐性

对很多园艺者来说，色彩和谐是很重要的，但也有其他类型的和谐性，肌理和形态构成上的和谐协调也不容忽视。和谐性不应只存在于一种植物与另一种植物之间，还应存在于植物与构筑物之间、构筑物本身之间。强调和谐性并不代表着使用的设计元素是平淡无奇的，相反地，大胆的色彩、纹理或形态构成可以和谐地结合在一起。要记住，和谐性并不是保守的代名词。

均衡性

均衡性需在花园的各方面充分展现。当均衡性存在的时候，它不是那么好辨认；但当它不存在时，失衡性就会明显暴露出来。体现均衡性的简单例子有很多，例如在规则式挡土墙的两侧各有一段相同的台阶。

均衡性实际上是对称设计的内在特点，而在非对称或非规则式设计中要达到均衡性可能有些难度，但可以通过一些隐藏法则来实现。例如，数量众多的元素可以与较小但"更重"的元素均衡。在花园中的体现可能是在一边种植了一大丛乔灌木，以便与另一边的"重型"建筑保持美学上的均衡性。

为均衡性规划

与和谐性一样，均衡性在花园成型的几年间会有所欠缺，但提前为此规划是很重要的。就植物而言，要事先在草图上画出种植位置，同时要表示出最终高度和形态。

种植设计的均衡性

色彩的均衡性不容易达到，而且除非制定好适当的种植规划，否则这种均衡性肯定无法持久。制定详细的种植规划能够让你在整个种植过程中想清楚每一种种植主题。要了解植物的叶色和花色，包括色度和色调，也要了解植物的形态、习性、文化象征和花期。

最后一个要素尤其重要，因为一个仅仅依赖于花色营造的植物主题，如果植物在一年四季不同时间中各自开放，那么该主题就失去了和谐性与均衡性。

因花期相对短暂，所以把植物的其他特点纳入考虑范围之内也是相当重要的，需要确保的一点是，植物在花期结束后依旧能够协调结合在一起。

设计前

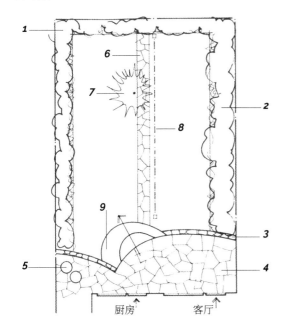

重新设计后

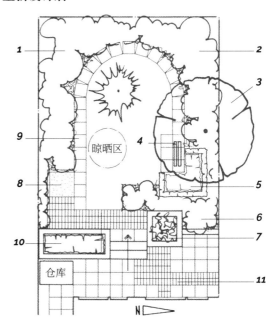

整体布局使场地的利用性能下降。设置不合理的碎花砖拼铺平台（4）与房屋的形状造成冲突。混凝土块建成的挡土墙（3）似乎很不安全，台阶（9）也一样。中央园路（6）将矩形花园分成互不相干的两部分。其他弊端还有：草坪周边的灌木花圃（1，2）和晾衣绳（8）看着不协调，一棵漆树（7）形单影只，开放角落（5）毫无遮掩，放着垃圾桶也不美观。

重新改变平台的形状，为休憩和餐饮提供空间。园路（9,11）现在绕花园而行，顺势来到园中的主景树（3），以树下的坐凳（4）作为结束点。升高的花圃用来种植一年生植物（7）和其他低矮灌木（10），有一个花圃种香草（5），另一个则用来种月季（6），而边界处采用灌木和草本植物（1，2）混合种植的形式。场地中还给孩子留有沙池（8）的游戏区。

尺度与比例

一个尺度与比例合适的花园依赖于数个要素来达到，其中包括花园与其内部构成要素之间的比例关系。

构筑物

在实际情况中，构筑物会出现比例错误的状况。一些构筑物不能小于一定的尺度。例如：凉亭必须够大，足以容纳使用它的人数；棚架的支撑结构需与其整体大小比例协调。

竖向比例

一个超大型的单体会让某一区域甚至整个花园看起来更小。比如说，种植在一个相对较小的场地上的大树会使该场地看起来更小一些。

水平比例

水平表面也应按比例设计。园路应设置成舒适的宽度，并为因过度生长延伸出来的邻近植物预留空间。

花园的主园路的宽度应足够园艺机械设备通过，并允许两个人并排行走。任何铺面区域都要使用与其整体大小比例协调的铺装单体来铺设。如果铺装单体过小，铺设在大场地上会显得过于繁琐，而过大的铺装单体则会让小场地看起来更局促。

小花园中的比例

为了追求良好的比例，小花园需要注重边界的处理。本来以特意做大草坪或铺地来扩大空间感，却往往会有弊端，因为如此一来，很少有机会用种植的方式来遮掩边界。边界越明显，小花园的场地尺度之小就越暴露无遗。

简洁性

简洁性对一个成功的花园设计来说是必要的因素。事先要合理规划，切忌设计过多景物争相夺目，也不要强迫性填补每一个可用的空间。

对周围环境来说过小的池塘。

对周围环境来说比例协调的池塘。

对周围环境来说过大的池塘。

按简洁的要求做规划

果断按照简洁的思路完成规划，不要往场地填充太多不同类型的植物和材料。简洁性需要贯穿整个设计，从基本的布局到最后的建材和植物筛选都须遵循简洁性。

趣味性

趣味性对一个人来说是这番景象，对另一个人来说可能是另一番景象，但这是设计花园的乐趣之一。营造趣味性足以发挥想象力，但只有设计者和其他家庭成员从一开始的设计阶段参与进来才能较好地达到趣味性效果。

制造悬念

每个花园都应凭自身条件变得富有趣味性。一下子就能看到整体的花园不可避免地会让人感到枯燥无味。试着营造一些不那么容易就看到的空间，或者打造一些需要去探寻并值得去探寻的地方。

焦点

焦点在为花园提供趣味性中扮演着重要的角色。一个在远处就能看到的焦点景观，具有引导观赏者从别处移步到此的魔力。

如果一个大花园中存在着好几个焦点，则按照这样的方式将它们安置：当来到一个焦点跟前，能够远远瞥见另一个焦点，即两焦点间存在互视关系。一个成功的花园设计，是不容许超过一个焦点同时被看到

的，因为这会分不清孰轻孰重。

功能性与可行性

平面图上的花园，在形式上可能是令人满意的，但如果该规划并不切实可行或功能不合理，则算不上好设计。记住一句话："形式追随功能"。

利用几何形状构成的不对称设计。有很多排列组合的可能性。

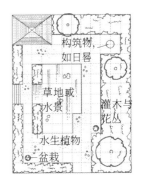

基于"网格"系统做规划，这是一种有利于构成要素和谐统一的前期设计方法。

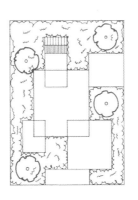

使用重叠的方形和矩形。该例子没有给每个区域设定具体的功能，可自行安排。

圆形很受欢迎。此例子中，每一个圆形区域都有自己的功能。

绘制平面图

初步设计平面图是规划图纸过程中的倒数第二个阶段。绘制该图需要把从场地测量和评估中得来的信息以及之前所做的功能平面图纳入考虑范围内，并且将功能和美观兼顾的设计原则作为基础。

如何开始绘制平面图

从现在开始，所有版本的平面图绘制都需更精确。平面图不仅是记录想法的一种方式，同时它还有利于植物和材料的用量计算。绘制的平面图最好能复印几份，然后铺上描图纸绘制。

绘制图例

你可能有自己独特的绘图风格，但右图所示的图例或许在一开始绘制时会对你有所帮助。如果图面同时追求视觉表达效果，就画得更逼真些，可能还会用上色彩。

添加细节

为了让平面图更加清晰，给现存的乔灌木与拟种植的乔灌木使用不同的图例。按比例画出拟种植的乔木，外轮廓代表乔木在成熟期的舒展形态。按比例画出现存的成熟乔木，表示其真实的舒展形态——这对将要种植在树冠下的植物来说相当重要。

灌木和草本植物同样可以用图例表示。在早期，只需用大致的轮廓线表示植物栽种的形态边界。当确定了所需的植物品种之后，可用标记符号来表示它们具体的种植位置、成熟期的大小、种植间距和数量。

标准乔木图例　　**更逼真的乔木图例**

现存的乔木

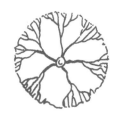

拟种植的乔木

需移走的乔木

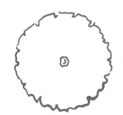

针叶树类型

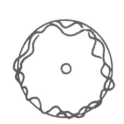

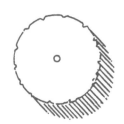

绘制平面图

铺装图例（平面）

短草草坪

方形或矩形铺装

长草草坪

任意排列的矩形铺装

砾石

自然式铺装，
以砖块修边

木板

砖铺，可铺成
各种图案

植物和裸土

铺路小方石（花
岗岩、砖块等）

平面图例示范

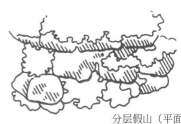

岩石　　　　　　　　　　分层假山（平面）

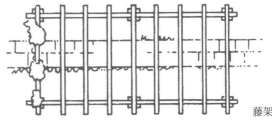

藤架（平面）

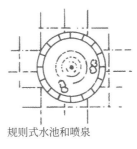

规则式水池和喷泉

草地上的不规则式水池

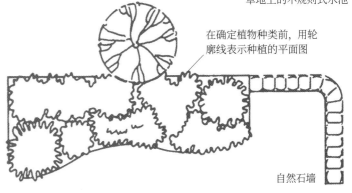

在确定植物种类前，用轮
廓线表示种植的平面图

自然石墙

绘制平面图

第27页的初步设计平面图展示了如何将之前规划过程中所做的设计进行协调组合。

屋前花园

现有的车道需要拓宽和重新铺设，铺材最好能从视觉上与房屋相协调。在车道的左边，一块不规则式草坪设置在车库的前面，同时预留了空间种植乔灌木，用来掩盖不美观的车库墙面。在车库的右边，有一处规则式的月季园和一棵垂枝树，恰如其分地起到了装饰作用。

使用绘图板

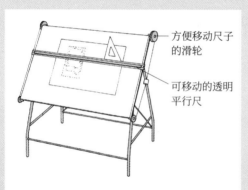

方便移动尺子的滑轮

可移动的透明平行尺

绘图板在使用时通常呈倾斜状态。有些绘图板是放在水平桌子上使用的，下方垫些东西使其倾斜，而有些则是配备可调节高度和角度的专用支架。专用的绘图板配有可调节的平行尺，但对于在桌面上使用的绘图板，一把T形尺也可充当平行尺的角色。绘制很小的平面图时，则只需使用图纸上的方形格子即可。

园路和其他设施

房屋右边的园路连接了厨房门和菜园，菜园可用树篱围着（但不能太高，避免阻挡了阳光）。

能见阳光同时又阴凉的地方适合建造玻璃温室。该玻璃温室和它旁边的小工具房可通过一条小径和月季拱门到达。在房屋右边的园路接着走，可路过被乔灌木遮掩的化粪池盖，它就在园路转弯后的左侧。

休闲区

最终，主园路连接到阴凉的次要休憩区。这里有一个小凉亭，凉亭背后是郁郁葱葱的树木，这些树遮挡着邻居家的房子，同时使凉亭更突出。在旁边不远处，藏匿着一片林间空地，形成了一个隐秘的区域，里面有一张长凳可供休憩之用。

走过林间空地后，园路分岔了。主园路继续延伸，最终到达尽头处的休息长凳。稍窄的那条园路，拐向右边，进入到各种阴生植物的种植区。

水景

形状不规则的池塘的不远处有一处小高地，所以有必要在相应位置砌一面石块挡土墙。池塘附近设置了一处人造喷泉，创造了动感和声乐感。

房屋和花园

花园的左边似乎是设置花架的理想地方，使用圆木材料搭建更是与周围完美融合在一起。紧靠房屋的休息平台采用了规则的形状，与房屋形状相配合。

绘制平面图

初步设计平面图

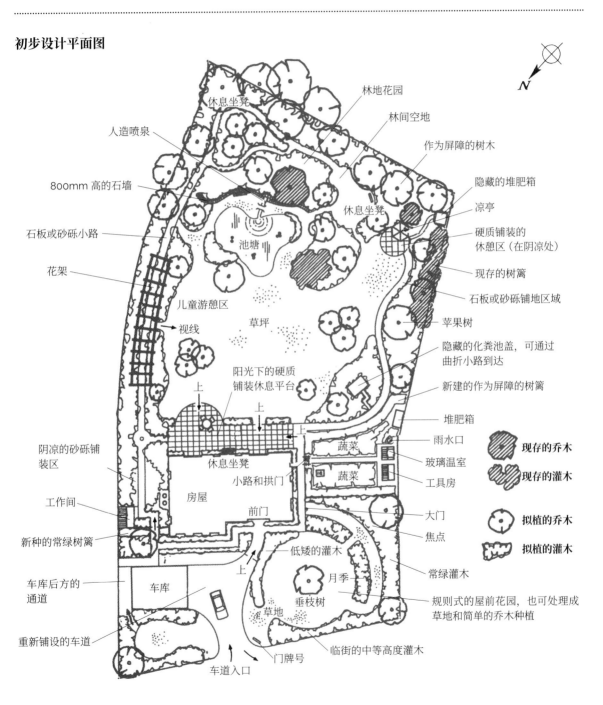

N

林地花园
休息坐凳
人造喷泉
林间空地
作为屏障的树木
隐藏的堆肥箱
凉亭
800mm 高的石墙
硬质铺装的休憩区（在阴凉处）
石板或砂砾小路
休息坐凳
现存的树篱
花架
石板或砂砾铺地区域
儿童游憩区
草坪
苹果树
视线
隐藏的化粪池盖，可通过曲折小路到达
阳光下的硬质铺装休息平台
新建的作为屏障的树篱
堆肥箱
雨水口
蔬菜
玻璃温室
阴凉的砂砾铺装区
蔬菜
工具房
休息坐凳
小路和拱门
房屋
前门
大门
工作间
焦点
新种的常绿树篱
低矮的灌木
常绿灌木
车库后方的通道
月季
车库
垂枝树
规则式的屋前花园，也可处理成草地和简单的乔木种植
重新铺设的车道
草地
临街的中等高度灌木
门牌号
车道入口
池塘

现存的乔木
现存的灌木
拟植的乔木
拟植的灌木

剖面图

一些花园本身场地条件较差，设计时需要克服各种问题，同时又要满足美观与实用的要求。坡地花园就是该类花园的例子。斜坡往往会影响人的视野，让人难以一眼看穿场地的高低起伏，这时剖面图就成了很有用的帮助。

剖面图绘制前的准备

在平面图上画出表示剖面位置的轴线，剖面图以此为基础进行绘制。如果花园的坡地较为平缓或者设计比较简单，那么只需要横纵向两个剖面图就足够了。如果坡地较陡或设计复杂，则需要绘制更多的剖面图。为了成功打造一个坡地花园，要充分了解需要处理的问题，所以在绘制剖面图前，要准确地确定哪些地方出现升降情况以及横跨的距离是多少。与平面图一样，剖面图也要使用统一的比例，例如 1∶100。

绘制剖面图

先绘制花园改造前的剖面图，再绘制一个拟改造的剖面图。绘制拟改造的剖面图可用两种方式来实现——可用叠加绘制的形式或单独绘制的形式。如果采用叠加绘制的形式，尤其是使用描图纸，可立马与现状形成对比，因此也更加有用。

坡地设计

右图所示，位置最上的平面图上绘有多条表示剖面位置的轴线。轴线所处位置的现状高差都需知道，用圆点表示。选择一个基点位置，并用 0.0 表示。

改造前的现存花园

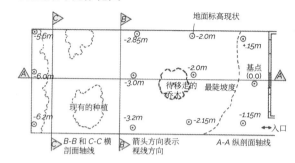

现存花园的高差（改造之前）

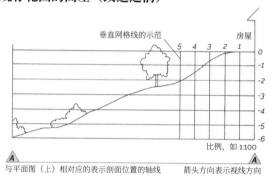

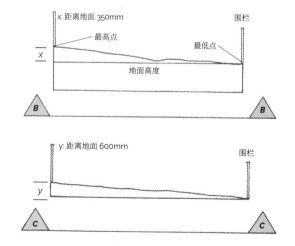

剖面图

因为坡地相对于房屋是向下倾斜的，所以测量值主要用负数来表示，例如 -2.5m。当坡地相对于房屋是向上倾斜的，则通常使用正数来表示，例如 1.48m。

左边几张图是基于花园原状绘制的剖面图。首先是纵剖面（A-A），休憩平台（在房屋旁边）被选为基准面，而且几乎是最高点，最远端则是最低点。坡地对应的长度距离已知道，因为之前的调研过程已经测量和记录过（见第 12 页）。

规划设计后的剖面图

拟改造的设计平面图（右）有三条表示剖面位置的轴线，与花园现状平面图上（第 28 页）的轴线相对应。A-A 是纵向剖面图，跨越花园的长度；而 B-B 和 C-C 是横向剖面图，它们贯穿了特定的位置。

右示的剖面图展示了坡地上的规划效果。虚线表示的是坡地的原本高差，那么原来的坡地需要填挖多少就清晰可见了。墙体高度、台阶数量和大小以及平坦区域的大小，现在都可计算出来。在坡地上建造平坦区域，例如挑出的小露台，也能通过剖面图研究。

为了检验规划是否实用和美观，以及各种构筑物的高度，可通过在剖面图上添加"人物"来实现，保证它们与剖面图比例一致，有站着的也有坐着的。一个成年人坐着时的视线高度大概在离地 1m 处，而站着时的视线高度约在 1.5m 处，这些近似值对在坡地花园中从不同地方观景进而呈现不同景象发挥着非常大的作用。从视线高度处到墙体顶部或坡顶画一条铅笔直线，这代表的是较为合理准确的视线。

带有指示视线方向箭头的剖面示例

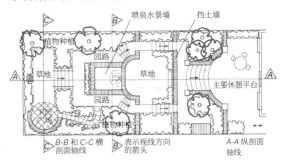

坡地规划的剖面图 A-A、B-B 和 C-C

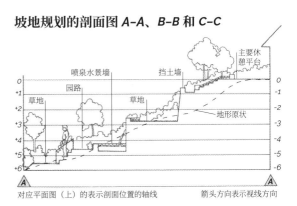

对应平面图（上）的表示剖面位置的轴线　　箭头方向表示视线方向

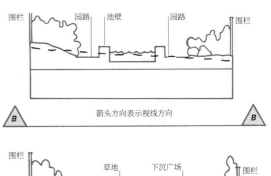

箭头方向表示视线方向

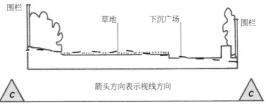

箭头方向表示视线方向

垂直设计

目前为止，我们已经设计了平面图，换句话来说，处理了水平层面上的问题，但还要更进一步，所以是时候需要思考垂直层面上的问题了。

垂直要素

垂直要素可以用于围合和分隔空间，也可以用来控制视线以营造趣味感和动态感。

选择垂直构筑

一些垂直要素，如工具房，可能只需满足实用要求即可；而像花架和凉亭等垂直构筑，需要扮演兼具实用与美观的角色。值得注意的是，切合地形的垂直元素组合看着更协调，也更讨人欢喜。太多的构筑物会让人觉得混乱，也会使花园变得冗杂，其中在小花园里更容易显得拥挤。

风格与位置

现存构筑和拟建的构筑在风格、材料、肌理和色彩上应保持连贯统一，设置在房屋旁边的垂直构筑更要注意这点。

当布置垂直要素时，包括树木，应考虑从各个方向看过来的视线情况。为了能知道从各个视点看过来时，这些构筑物的相对位置是如何变化的，你需要在设计过程中多次挪动它们在平面图上的位置，再从各个角度来观察，这样也避免了平面图过于单一。

同样的路径，左图空间开放、空旷，右图空间围合、神秘。

花园里的垂直要素按曲折的路径排列，引导视线（脚步）从一个点到另一个点，富有趣味感和动态感。

"过度拥挤"的花园，集合了太多垂直构筑物，而且风格和形式各不相同，每个个体又都引人注目。

简洁的设计，拱门形成了"入口"，凉亭吸引人的注意力，被隐藏的坐凳在视觉上不与拱门形成冲突。

人工与自然的垂直要素

在垂直要素中，那些人工建造的构筑物在花园中往往更突出，因为它们在形状上比乔灌木更硬朗。然而，乔灌木在营造不规则的边界和分隔区域时更常用。人工与自然的垂直要素也有互通性，例如一些植物被修剪成规则的造型，如同人造建筑物一样；而一些人工构筑，如粗犷的石墙，则如同从地面自然生长出来一般。

利用垂直要素来划定界限

你需要对垂直要素进行选择，使它们所环绕的区域成为一个独立的空间，被分隔的每个空间都有自己的规模和功能。通过选择合适的围合物来凸显特色：未经修剪的繁茂树篱意味着不规则；整型修剪过的树篱代表较规则；而墙体和围栏意味着更加规则。

高度和比例

在实际应用上，垂直要素需要足够而合适的高度来为空间划定界限。如果垂直分界太低，所围合的区域会遭到忽视。一般来说，垂直分界至少要达到视线高度。

斜坡

在斜坡上常会建造平整的区域，但建造时需要格外注意，因为花园的其他部分很容易局部消失在人的视线范围内。如果远处的区域消失在视线范围内，那可能就不会有人到达那里了。

出于结构和美观的原因，通常最好建立一个较平缓的阶梯式系统，而不是一个如一堵墙体那样的垂直系统，因为垂直系统通常更显高，也更显得有逼迫感和局促感。

在小庭院里，多层次使用屏障来创造更多可用的空间，也扩展了场地的纵深感。

当台地向下时，空间容易消失。台地几乎可以使整个花园消失在视线范围内。

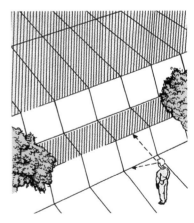

陡峭的坡地上的台地必须精心规划，才能使花园的大部分区域不消失在视线范围内。

动态路线

花园中的空间形成方式引导着动态路线的行进方式，但如何引导主要由空间的比例大小和透视关系来决定。空间周边的围绕物高度是一个重要的影响因素，

围绕物越高，里面的空间就显得越小。围绕物较高能营造较大的遮阴面积，按此理论，围绕物较高的小空间可能长期是幽深封闭的状态。

空间还能控制穿梭花园的行进速度。无论是连廊还是漫步道，请尝试根据空间的功能，打造合适的动态路线，配合适宜的行进速度。

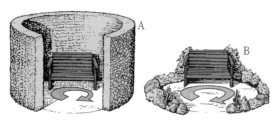

相同比例大小的区域，围绕物的高度使里面的空间特点有所不同。上图两个空间都是同样的大小规模，但 A 显得围合封闭，而 B 则是开放空旷。

选择地面铺装

草地或砾石属于中性肌理，没有明显的方向指示感；而一些拼成各种图案的铺装，其线条的拼接方向对动态路线的引导起到重要暗示作用。

这是一处"可看到尽头"的矩形区域，深度感不足，但让人感到很宽阔，适合行人放慢步速前进。

因围绕物的高度较高，这里指示行进方向的感觉很强烈。尽管该空间与左图是同样大小，但围合封闭感意味着此空间较为压抑，似乎催促着行人快步走。

比例与透视

在为空间选择铺装材料时，你需要考虑该空间应该表现静态效果还是动态效果。花园的局部地方，例如休憩区，需要营造静态的感觉，在此表现动态的感觉可能会令人不安。地面铺装的图案选择也很重要，另外，围绕物的高度亦应重视。

铺装单元相对于所铺区域的比例更要考虑得当，因为会影响该区域看上去的表面大小。在平面图上按比例绘制铺装单元，有助于表示最恰当的区域大小。

用：不同形式的接缝以及不同形状的植物种植，影响着人对墙体高低大小的感知。

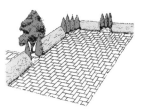

砾石或草皮铺装没有明显的方向指示感，使该区域看起来没有大小变化。

相对于区域整体面积的小小铺装单元，看起来比较繁冗，场地看起来也因而变小。

铺装材料的比例

右图所示说明了铺装材料的相应比例对于所铺区域的重要性。

下图是相似的原则在垂直层面上的应

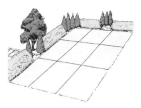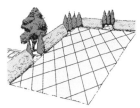

这里的铺装单元过大，场地看起来很空旷。

铺装单元的大小与空间大小的比例关系比较恰当。

呈对角线铺设的铺装也是比例恰当，而且看起来更加舒适。

该图和右图两面墙同样长，但该墙看起来要更长。这是因为该墙的接缝主要是水平延伸的，而且柱状或直立状植物的引入能更突显这种效果。这种方法在小花园里应用更奏效。

这堵墙与左图所示的墙是同样的长度和高度，但由于接缝不是一味地沿水平方向延伸，所以它显得更高，但不显长。若要更加突显这种效果可通过种植圆形和扁平状植物来实现。

比例与透视

当你在设计花园时，要记住尽管平面图是按俯视角度绘制出来的，但真正建造出来后的花园却很少能直接从上空看得到。一张按比例绘制的平面图显示了花园的规模大小，但表示的空间却比看起来的要大得多，这是由于透视的影响，使花园看起来只在实际大小的二分之一到三分之二之间。

视错觉

当可用的空间比较有限时，引入视错觉效应能够扩大空间感。物体越远看起来越小，反之，物体越小使人感觉离物体越远，因此可以利用这种现象来创造视错觉效应。在所选的视点位置看一个物体，如对物体的大小进行缩减，会使物体看起来更远，从而令花园看起来更大。在小花园里，园路尽头的拱门、坐凳或其他构筑物可以比正常的做得更小一点，以此来拉大距离的纵深感。

透视的规划

速写透视图能让你审视所规划的垂直要素的效果，通常需要选取几个不同的角度来速写，因为单一角度的透视难以表达整个花园。从画面构成的前面部分开始画起，因为后面远处的植物或构筑物可能被前面的物体遮挡了局部。速写透视图时也可以利用花园的照片，把花园的照片等比例放大打印出来，然后裁

透视速写表达了从某个特定位置看花园的印象。在这个例子中，把从庭院窗（站立视角）看到的景物速写了出来。

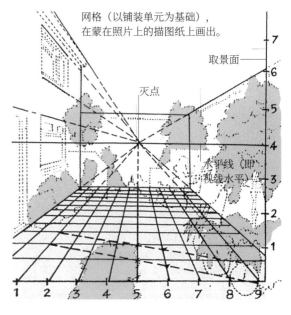

网格（以铺装单元为基础），在蒙在照片上的描图纸上画出。

取景面

灭点

水平线（即视线水平）

图上到透视灭点的线按比例绘制。垂直轴也可以标上刻度，以达到良好的比例。

孤植园景树是完美的焦点，有时会有圆形或多边形的坐凳围绕着树基。

借景，例如位于远处的山丘。

剪与放大照片同样大小的描图纸，再根据平面图的相关信息，用铅笔在描图纸上勾画自己的想法，同样是从画面构成的前面部分开始速写想法，准确地表达方案设想，但不是把所有细枝末节都画上，仅需要一个总体印象即可。

隔断

在花园里设置隔断，很出人意料地让花园看起来更大而不是更小，因为隔断将花园分隔成多个空间，这样一来，可观赏的地方也似乎多了。虚墙隔断对小型花园或中型花园有着重要作用，既能将空间围合而保持各空间内鲜明的个性特征，但又不是完全割裂花园的整体结构。

焦点

焦点是指设置在园中特别引人注目的构筑物或植物。焦点最好单独放置，因为当两个或多个焦点同时出现时，视觉冲突是不可避免的。实际上，很多单独的物体或树木都可作为一个焦点，只要它能从周围环境中突围而出。通常来说，中性色和纹理相对均匀的背景能确保所选择的焦点显示出最佳效果。

借景

花园外的景色也可以融入到设计中。这些"借来"的景色多种多样，可以是教堂的塔尖，也可以是海岸线，但如果"借来"的景色太喧宾夺主或者需要大费周章地改动规划设计，可能就没必要引入了。

组合构成

一些乔灌木能够与坐凳或其他花园构筑有效结合，展现的层次感更为丰富。有些组合构成可以用艺术小品来呈现，当它们表达细致充分而又彼此联系密切时，呈现的景观效果更好。

大多数建筑物，无论大小，可通过良好的衬托更显突出。焦点景观不必是单独的个体，组合构成通常更具关注度。

种植一大片如墙体般密不透风的速生常绿植物来掩盖大型而不美观的物体是一种惯用的手法，但也很明显告诉着别人，这里有一些事物被掩蔽了。其实，一个比较好的解决方法是进行不规则形状的浓密乔灌木种植，同时结合小景物的点缀，例如一张坐凳，能够引导视线往下。不规则的树形打破了不美观的建筑立面，在冬天，大多数落叶树木的光秃枝条依然能够柔化建筑物僵硬的外轮廓。常绿树木也能如此使用，但需要多年的时间来达到成熟有效的长势效果。

这间小屋非但没有被掩蔽，反而成为构图的中心。它较美观的一面与一轻盈的藤架相连，生长粗犷的植物和坐凳使其成为引人注目的焦点。

亭子倒映在平静的水塘中，周围有乔灌木作衬。亭子和植物的形式是有讲究的，无论它们是作为单独个体的存在还是作为统一构图的组成。

一张独立的长凳成了构图中心，如果周围没有乔灌木的衬托，它将不能成为突出的焦点。

一般情况下，设置屏障能够掩蔽不美观的事物，帮助你扫除视野内不想看到的东西。

弯弯曲曲的小径就可用于隐藏不美观的事物，只要道路两边种植的植物足够浓密。建造足以吸引人的装饰性篱笆和墙垣也是很好的屏障设施，这样你就不会过多留意隐藏在背后的物体了。

花园外围常有一些高大又不美观的构筑物，如果你不想在观赏花园时看到这些不美观的物体，可以通过在主视点位置附近设置屏障来阻挡视线，这比在物体附近设置屏障的效果要好。原则上，当物体离屏障越远而观察者离屏障越近时，物体更容易被掩蔽。因此，靠近主视点位置设立的屏障可以低一些。但在很多情况下，即使是一个相对低矮的屏障，若是太靠近房屋，终究会带来不便，所以需要在稍远处选择建高一点的屏障。

规划设置屏障

应在早期的设计过程中设计好屏障的形式和位置。

在下面的例子中，一工业建筑处于花园之外，现希望能够设置屏障，避免人从房屋中直接看到它。在图中，从眼睛视线高度到烟囱的连线暗示了视角大小和所需的屏障最小高度，这会随着观察者离花园远近而变化。位于远处的土堆或升高的种植池，能够直接使屏障的高度得到拉高。

利用屏障营造神秘感

在花园里添加小小的神秘感是必要的，因为一眼就能看完的花园可能会显得十分无趣。场地越小，越需要打造隐藏的神秘角落。此时，屏障对设计起到了积极作用，尤其是若隐若现的屏障，能引起人思考背后隐藏着什么。

屏障不美观的事物

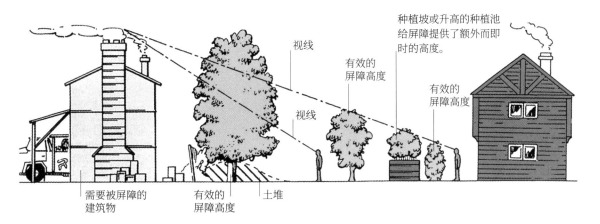

种植坡或升高的种植池给屏障提供了额外而即时的高度。

视线

有效的屏障高度

视线

有效的屏障高度

需要被屏障的建筑物

有效的屏障高度

土堆

坡地花园处理

坡地花园，通常来说比平地花园更难设计和维护，但拥有趣味性十足的潜在优势。

坡度与可见性

稍微向上倾斜的坡地比起同等大小的平整场地来，能将更多的花园景色带入视野范围内。但如果一个花园太过倾斜，则需要先进行场地平整，因为一旦坡地高度达到视线水平高度，景色就会从视线范围内消失。

通道与安全性

坡地花园需要高水平的维护，这要求园中的通道足够宽阔，能让一系列园艺工具和设备通过。更值得注意的一点是，如果通道不畅，景色也没有多大吸引力，那么某些区域很可能就没有人会到达。

台阶和坡道必须具备安全性，并且便于使用。坡道倾斜最好不要超过 1：20。在地势极为陡峭的花园中，建造直段台阶和坡道并不总是可行的，而选择建造曲折形的台阶和坡道则较为合理。

坡地种植

选择在排水良好的情况下能茁壮成长的植物品种，同时要考虑坡面是处于阳光下还是阴凉处的情况。在坡地上剪草较为不易，因此优先选择种植地被植物。

种植间隔应比一般平地上的种植间隔要小，越小的种植间隔，越能让植物迅速地扩散和密集生长，从而抑制了杂草的肆虐。在较干燥的条件下，生长速度往往较慢，因此密植也加快了地面被覆盖的过程。

减少封闭式挡土墙的消极影响

在墙体裂缝中点缀植物，能削弱挡土墙的呆板沉闷感，令其变得活泼起来。

用分层的种植空间柔化墙体的外观，在不同的水平高度设置不同的种植空间，以增加其趣味性。

坡地花园处理

在房屋下方的坡地

如果房屋位于比花园地势要高的地方，那么房屋也将成为从花园能看到的景物。房屋下方的坡地花园看起来比在房屋上方的坡地花园要宽大。

在房屋上方的坡地

若在房屋上方的坡地花园同时也很靠近房屋的前墙或后壁，那么你所能看到的园中景色就会比较局限。如果要在靠近房屋的位置建造挡土墙，那就尽量把它做得有设计感。

排水是设计的一个重要方面。如果房屋位于坡地脚下，在雨量大的情况下要避免水浸，则必须建设一个有效的排水系统。从房屋出来的铺路，应该稍向下倾斜铺设，这样可避免墙壁附近积水的情况。挡土墙底部应有排水孔，顺其将水排放到雨水管。如果坡地过陡，可能还需要设置一系列的侧边截流渠。

在坡地花园中创建平坦区

在坡地创建平坦区之前应该先仔细考虑，这时剖面图（见第28页）可帮助你决定哪个地方是设置平坦区的最佳位置，要尽量减少不必要且费用大的土方工程。同样地，通道建设也关系到土方工程的成本与可行性。

平坦区可通过移土和堆土的填挖方式来建造——从高地处挖土，堆积在低地处加以平整。为种植而进行平整作业所创建的新坡地，坡度不应超过40°，以确保其稳定性。如果要对新建区域进行铺装，铺设也不应是完全平整的，而应稍微倾斜协助地表水的排放。

非对称的坡地花园

该坡地花园的所有构成形状均是各种多边形。房屋附近的区域使用规则式形状较好。台阶的形状是由矩形经简单转换后的多边形，趣味性瞬间得到了提升。一高一低的两片平整草坪被挡土墙分割开来，形成错落有致的景观效果。在花园的左上角是一处次要休息平台，并配合设置了一小型凉亭，在对面的角落处则是一间被掩蔽的小棚屋。

非对称的坡地花园

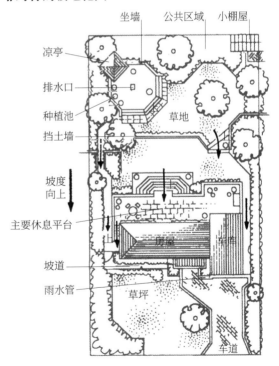

坐墙　公共区域　小棚屋
凉亭
排水口
种植池
挡土墙
　　　　　草地
坡度向上
主要休息平台
　　　房屋　　车库
坡道
雨水管
　　　草坪
　　　　　　车道

花园风格

大多数用心设计的花园都遵从着这样或那样的一个风格。有些花园设计注重功能，大多数家庭花园就是如此。像蔬菜园这一类是完全功能性质的，并没有风格可言，但像观赏园一类的花园，设计更倾向于考虑视觉效果，风格也多样。

花园的风格通常受以下因素影响，例如功能、地理位置、场地形状、场地大小、地势、与之相关的建筑物、所需的维护量或实现成本等。

如若花园要满足特别需求，那么风格也会随之改变。给老人使用的花园与给家庭使用的花园，两者的风格有很大的不同。无论是家庭花园还是社区花园，使用人群的数量也会使花园形成不同的风格。

对称式花园

例 1 是具有单一对称轴的对称式规则花园，一侧似乎是另一侧的镜像反映，对称轴纵向穿过花园的中心。

例 2 中有两条对称轴，将花园平分为四部分，每一部分都相同才可保证真正的对称性。

不对称式花园

不对称形式是现代花园的流行风格。例 3 中规则几何式的平面并不以某条线作为对称轴，但它们并列或重叠在一起，衍生了有趣的形状。

例 4 所示的不规则式花园极具吸引力，而且自然流线中也存在着一定的秩序感。

实现花园风格

在选择了花园风格后，下一步就是该如何演绎它。

在一些情况下，特别的风格可能不是个人选择的结果，而是由于对场地的适应。例如，一个规则式的野趣花园，角落里的自然岩石园四周围合着高墙就显得不那么协调。风格需要符合实用性，也要符合相当的美学水平。

1. 对称的规则式花园

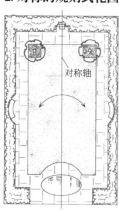

2. 两条对称轴的花园

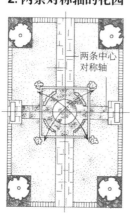

3. 不对称的规则式花园

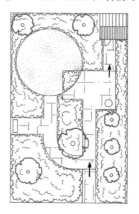

4. 不规则式的花园

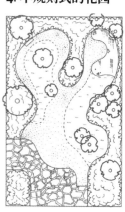

**结合了对称规则式、
不对称规则式、
不规则式的花园**

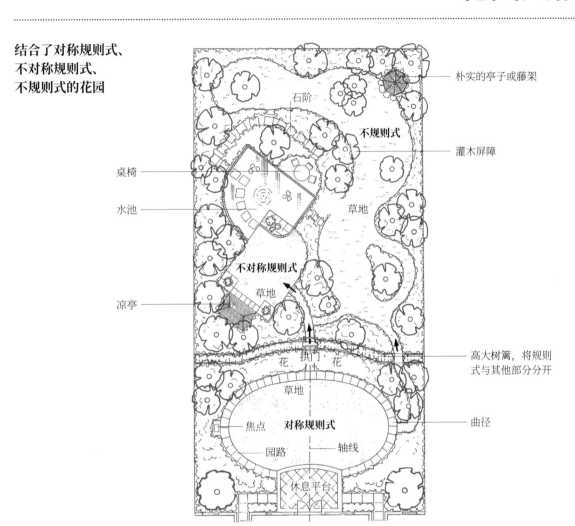

- 石阶
- 不规则式
- 朴实的亭子或藤架
- 灌木屏障
- 桌椅
- 水池
- 草地
- 不对称规则式
- 草地
- 凉亭
- 高大树篱，将规则式与其他部分分开
- 花 拱门 花
- 草地
- 焦点
- 对称规则式
- 曲径
- 园路
- 轴线
- 休息平台

上面的例子中将规则式区域与不规则式区域联系起来，使花园不同地方产生了不同氛围。

一般来说，最靠近房屋的区域以规则式来设计处理。在图中，一条轴线终止于拱门处，从那点起，一条小路向左拐弯，其终点从房屋处看不到。走过这段小路，到达另一区域，这个区域是不对称规则式设计，平面形状是基于直线和圆弧的几何图形。图中右边部分是不规则式设计，被隐藏起来的区域创造了一种神秘感，而且，这里很适合野生植物的生长。虽然花园的各部分风格和形态都大有不同，但彼此之间的存在并不矛盾，它们既是完整的个体存在，同时又作为部分融合于花园的整体中。

小型城市花园

当花园小而封闭时,可用一些策略来扩大空间感。

宽阔但纵深浅的花园

在一个宽阔但纵深浅的花园中,如果房屋对面的边界是一面墙或篱笆,那么封闭的围合感会增强。在下图中,通过将一面镜子固定在高墙上,产生了空间扩大的错觉。镜子似乎是通往花园另一部分的一个入口,这种错觉还能通过映照邻近的植物和在它前面的雕塑得到增强。

城市花园

在图中的花园中(见第43页),从园门所看到的是由桌椅形成的主要景观。铺装呈对角铺设,增大了空间感。有部分区域被隐藏起来,创造了神秘感,

宽阔但纵深浅的花园

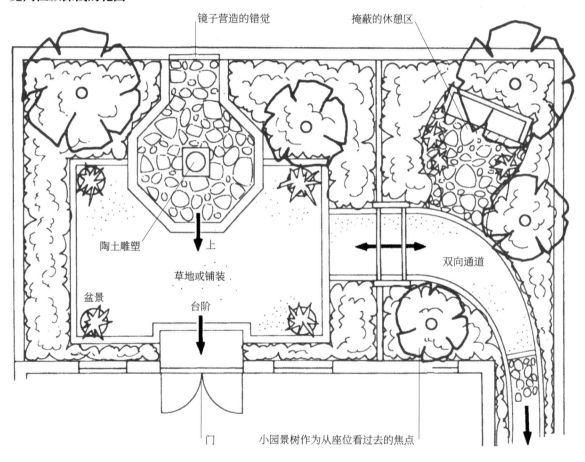

镜子营造的错觉

掩蔽的休憩区

陶土雕塑

上

草地或铺装

盆景

台阶

双向通道

门　　小园景树作为从座位看过去的焦点

小型城市花园

只有踏入这片区域，才能看到被抬升的小池和墙体喷泉。房屋对面的屏障前设有一雕塑，这是一个只能从厨房窗户看到的焦点小景观。

小型的不规则式城市花园

这个"丛林"花园是小地块的完美解决方案。尽管缺乏面积，却依然能营造神秘感，通过曲径和生长

粗犷的植物将远处的区域隐蔽起来，还应用了高大的常绿树木作掩护，利用它们一年四季的叶子将花园与邻近场地隔离开来。左上方角落的藤架是独处静思的佳处，而木平台则是夏日消遣的理想地。地面铺的都是圆形的天然石头，形状与花园中的许多曲线相呼应，而且在较少使用的地方还能为低矮的地被植物提供生长机会。

城市花园

500mm 高的小池和墙壁水景　开花灌木和草本植物　鲜花和灌木墙篱

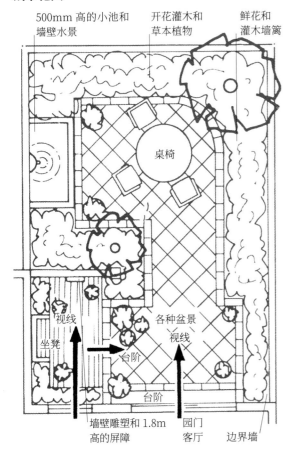

桌椅

视线　各种盆景　视线

坐凳　台阶

墙壁雕塑和1.8m 高的屏障　园门　客厅　边界墙　台阶

小型的不规则式城市花园

藤架　园灯　天然石所铺地面

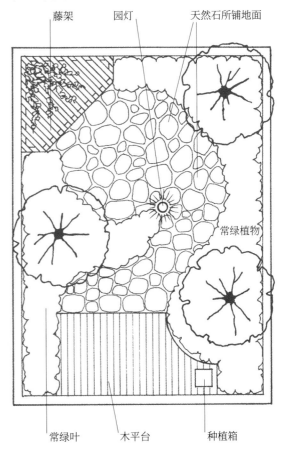

常绿植物

常绿叶　木平台　种植箱

屋前花园

屋前花园在花园设计中通常不好处理，但其功能却相当重要。屋前花园应表现出迎接来宾的效果，还要起到为房屋作修饰的作用。屋前花园的另一功能是强调前门的方向以及其重要性，前门应是主要的聚焦点，不应被隐藏或位置不明确。当侧花园或后花园很小甚至没有时，前花园可能还要承担起提供娱乐消遣的角色。

不带停车区的小型屋前花园

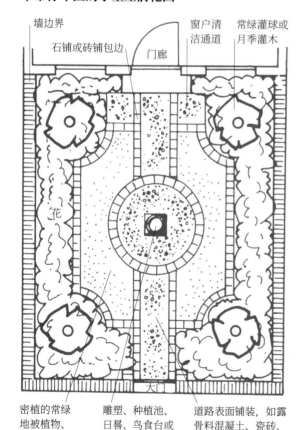

墙边界
石铺或砖铺包边
门廊
窗户清洁通道
常绿灌球或月季灌木
花
大

密植的常绿地被植物、草地或卵石

雕塑、种植池、日晷、鸟食台或者其他焦点景观

道路表面铺装，如露骨料混凝土、瓷砖、砖块、石头或砾石

不带停车区的小型屋前花园

该小花园的设计风格与老房子的建筑风格相配，但没有空间作为停车区。一园路笔直地从大门延伸到房屋前门，可选择多种材料进行铺装，在这个例子中，使用了露骨料透水混凝土，并以花岗岩包边。在反圆角矩形的纵向园路两旁，可种植低矮地被植物，例如小叶常春藤、无心菜、景天属植物、长春花等，也可以选择铺设草皮或卵石。中轴道路的中间是一圆形铺地，中心还放置了陶土雕塑，可作为主景。

停车区和车道

许多屋前花园需要腾出一部分作为停车区，这种现象在城镇中越来越多，因为路边停车位费用较高。可用于车道铺设的材料很广泛，其中砖块或石板比较常用。无论选择何种材料，它必须承受得住过往车辆的重量。而斜坡车道，尤其那些向房屋倾斜向下的车道，需要安装额外的排水系统来防止积水。

为了安全起见，开车时应始终看到连续的道路景观，从花园或车道上驶出的汽车能获得良好的道路视野是十分重要的，这就需要先规划好车道的形状。

带有停车区的屋前花园

这个简单的郊区屋前花园（见第 45 页）设置了双门，包括一道方便的步行手动门。这里的车道坡度向上，所以需要事先检查设置的门在完全打开时会不会被向上的地面卡住。

场地有两个倒车区，设置在车道两端，都配有照明灯。车道可用砖块以对角线模式铺设，这更适合车道本身的曲线形状。为了保持花园的简约设计，使用了棚架作为车库，在其上种植了攀缘植物来柔化外轮廓，使它自身变得既吸引人又实用。

边界处的草地形状与车道形状相适应。高大乔木起到一定的分隔作用，并且与棚架保持着垂直面上的平衡。生长缓慢的灌木植物以及路旁植草带，设置在靠近大门的地方，并且要保证车辆在驶进与驶出车道时能获得良好的视野。

带有停车区的屋前花园

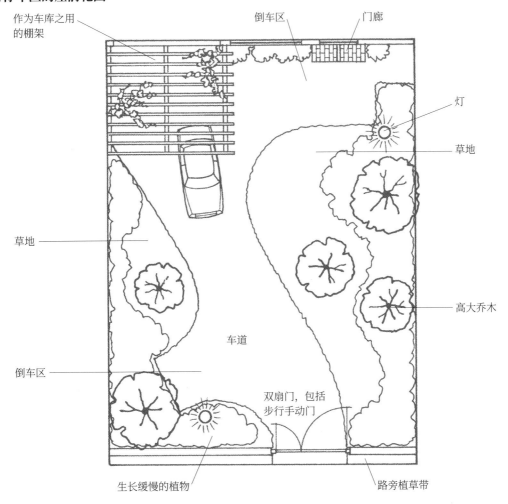

作为车库之用的棚架

倒车区

门廊

灯

草地

草地

高大乔木

倒车区

车道

双扇门，包括步行手动门

生长缓慢的植物

路旁植草带

村舍花园

村舍花园很受欢迎，主要是因为它们的风格与大多数日常建筑相呼应，而这种风格的产生起源于经济需要。村舍花园的原始功能是种植水果和蔬菜来作为食物的补充，同时也种植香草植物，鲜花往往只在角落里种植，以便为其他只为生产的区域让出地盘。

村舍花园的框架和特点

根据功能决定园路的走向，然后决定坐凳、装饰物、日晷、鸟浴池等位置，最后考虑植物的种植。

按前低后高的原则进行种植，要为植物留出可延伸扩展的空间。观察哪种植物在开花季节最好看，或者，哪种观叶植物效果最佳。观花植物与观叶植物协调混合种植，能够让花园长期保持趣味性。村舍花园会在一段时间中处于最佳状态，温带气候中大概是初夏到仲夏，因为很多植物在此阶段正蓬勃生长。

使用传统材料如卵石、砖块、天然石块和自然木材作为园路的铺装，因为这些材料较符合村舍花园的风格。

小型村舍花园

很多村舍花园都很小。在本例子中，大门并不正对着房屋前门，这个问题可以通过铺建一条流线畅顺的曲路来解决，其中铺装最好具有引导方向的作用。

在左边，藏在高大植物之中等待被发现的是一个六边形的碎石拼铺空间，边缘镶嵌着蓝灰色（或红色）维多利亚式"绳状"修边瓷砖，所有园路边缘也都可用这种瓷砖。在六边形的中心是一个种植草莓或香草植物的种植池，也可以选择使用小型陶土雕塑或日晷。一棵果树遮蔽了不太美观的小路，并且与位于前方边界附近的一棵小型观赏树一起为房屋作点缀。边界处看不见土壤，因为种植了典型村舍花园最爱用的植物，其中包括藤本月季。

小型村舍花园

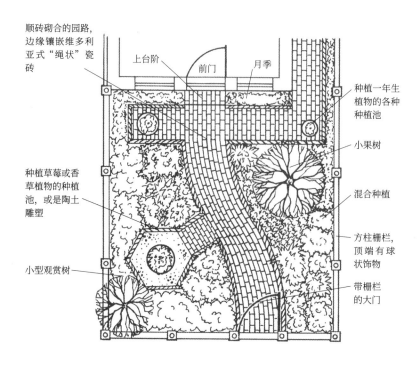

顺砖砌合的园路，边缘镶嵌维多利亚式"绳状"瓷砖

上台阶

前门

月季

种植一年生植物的各种种植池

小果树

种植草莓或香草植物的种植池，或是陶土雕塑

混合种植

方柱栅栏，顶端有球状饰物

小型观赏树

带栅栏的大门

不规则式花园

不规则式花园很难设计，因为它们缺乏规则式设计中的几何图形和直线所固有的秩序。在规则式边界内打造一个不规则式花园是很有难度的，除非能够将边界长久有效地隐藏起来。

大型不规则式花园

在这个大型不规则式花园中，车道和屋前花园是为数不多的规则元素，休息平台也保留着一点点规则形式，大体与整个主题相符。

在两段相对的台阶之下，有一个让人惊喜的小洞穴，在其两侧是干砌石墙，裂缝中生长着喜阴性蕨类植物和苔藓，柔化了墙体外轮廓。

在花园的角落有另一个令人惊喜的地方，是一处下沉小林地，可通过蜿蜒的小路和台阶到达。 用石材作为台阶和墙体的材料适合这种花园的不规则式风格，碎石子作为园路铺装也很合适，因为有利于弯曲塑形。

在草地区域内，设置了一个较大的镜面水池，水池边缘种植着郁郁葱葱的植物。在远处的休息凉亭里（右下角），可观赏到这个镜面水池。

大型不规则式花园

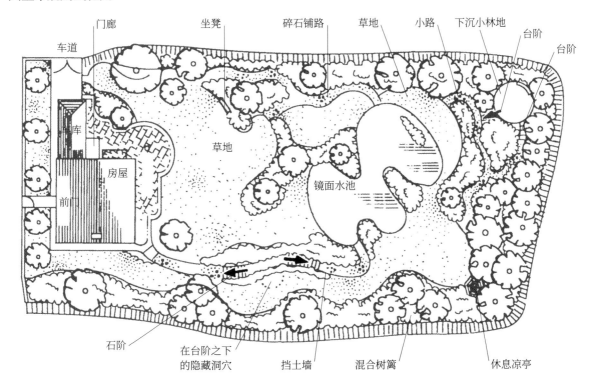

家庭花园

一个家庭中常有不同年龄段的儿童，花园最常见的类型之一是满足这样的家庭的各种需求，符合不同家庭成员的期望。

在设计一个家庭花园时，请提前筹划，并考虑花园的元素如何随着孩子年龄的增长而更新变化。

为不同年龄段的群体服务的花园

如果有不同年龄段的儿童共同使用花园，建议最好是将不同年龄段的活动区域分开设置。年龄较小的儿童由于体型较小，行动受限，一般不能参与年龄较大儿童的游戏或使用他们的玩耍设备，而年龄较大的儿童可能会不屑参与被他们认为"幼稚"的活动。

在任何一个儿童花园设计的背后都有一个不可避免的事实，即儿童年龄会逐渐增大，他们今年喜欢玩的东西，也许到下一年就不喜欢了。很显然，儿童花园是短暂性的建设。在设计时要牢记的一点是，因为游戏设备的使用时间相对较短，还不如给孩子留一块地方让他们自由发挥想象力去创造活动。

为年龄稍大的儿童建造的花园

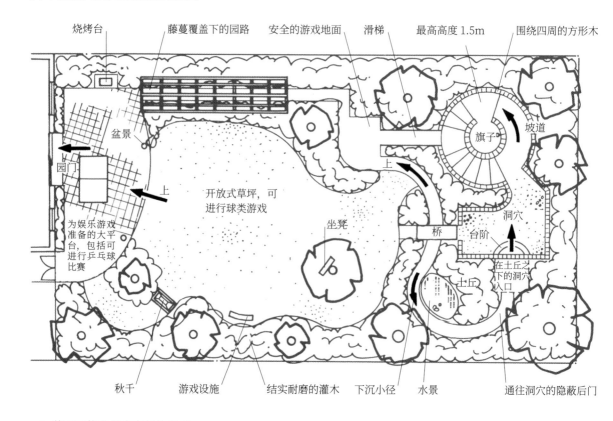

烧烤台　藤蔓覆盖下的园路　安全的游戏地面　滑梯　最高高度 1.5m　围绕四周的方形木

盆景

园门

上

为娱乐游戏准备的大平台，包括可进行乒乓球比赛

开放式草坪，可进行球类游戏

坐凳

旗子　坡道

上

桥　台阶　洞穴

在土丘之下的洞穴入口

土丘

秋千　游戏设施　结实耐磨的灌木　下沉小径　水景　通往洞穴的隐蔽后门

儿童花园

儿童花园应该是具有挑战性、开发智力和令人兴奋的地方，而且更重要的是，也应该是安全的地方。

花园内设计"秘密"的隐蔽区域能很好地吸引儿童，密集的灌木丛和树木繁茂的区域让他们想象自己进入了森林。儿童喜欢捉迷藏，而隐蔽的花园区域、树木和树篱能够提供隐藏的地方，个别植物附近也可以成为他们最喜欢的场所，例如，小孩能利用垂枝樱的密集枝蔓将自己很好挡住。

为儿童考虑的种植

在设计种植时要考虑选择苗壮结实的乔灌木——这些乔灌木可以承受一定的伤害，如果受到足球的撞击或在儿童玩耍过程中被折伤，它们仍能存活。尽量选择没有尖刺或倒刺的植物，或将这些植物种在远离儿童玩耍场所的地方。而且，植物品种要安全无毒，任何结果的植物都会吸引可能想"品尝"它们的小孩，因此无毒性的植物是首选。

在花园中为孩子们留有一块纯粹由他们自己负责种植的小空地，这样能促进他们更多地来到花园参加户外活动。你可以在设计中为孩子们设置一个种植箱，让他们培养快速生长的植物，如向日葵、三色堇和报春花，或种植他们可以食用的作物 ——包括草莓、四季豆和沙拉食材（生菜和萝卜）。

游戏设施

花园里的儿童游乐屋总能被儿童好好使用，这些小屋可以是永久性或临时性的构筑，但无论是哪种形式，都应尽量将其设置在远离房屋的地方，这样能为孩子保留一定程度的隐私性。一些小构筑，例如可攀爬的动物雕塑，可以添加到花园的整体设计中：它不仅能为孩子带来快乐，还可以充当焦点景观。

本书（第 190~195 页）详细介绍了一些易于建造的游乐设施，可以使其成为花园设计的一部分。设置游戏设施需要考虑所选地方的情况，例如，在设施底下的草地可以用安全塑胶材料来代替。

为年龄稍大的儿童建造的花园

年龄稍大的孩子应该会喜欢这个花园，因为它的设计强调冒险和探索。庭院规模较大，满足一般用途，还能打乒乓球、下象棋和玩投环套物游戏，更设置了烧烤台，很适合用于夏日聚会。

大型开放式草坪可进行热闹的球类运动，在这个区域里，主要焦点是一棵孤植树，在树荫下设置了坐凳。经过休息平台可进入藤蔓覆盖的通道，在这里能看到斑驳的树影，偶尔瞥见漏出的园景。从藤架下走出来，其中一条路几经转折，经过滑梯后可到达洞穴，这个洞穴是一处下沉活动场所，周围围合着高度约为1.5m 的方形木头。另一条路线穿过了草坪，到木桥下方似乎消失了踪影，其实这条下沉小径继续经过了水景，来到了洞穴的另一入口，再往下走过半圆形台阶，就能进入洞穴。

整个儿童花园里所种植的植物是安全无毒的，而且结实耐磨，四季中还有丰富的色彩变化。

自然野趣花园

以保护野生小动物作为私人花园的主题是很受推崇的理念。有责任感的园艺者都意识到野生动物栖息地持续丧失的严重影响，并且也知晓可以利用花园为一些物种创造栖息地。

虽说是一种自然性质的花园，但跟其他花园一样也需要妥善管理。一个规划较好的自然野趣花园可容纳多种小动物和本土植物，另外可以增加一些安全的外来植物。

集聚着野生小动物的池塘

集聚着野生小动物的池塘充满了生机，毫无疑问会成为花园的主要景观。池塘的边缘需要轻微地倾斜（最大 20°），以便小动物进入。池塘周边轻微倾斜意味着池塘必须足够大，才能使中心的最低不冻水深线达到 600 ~ 750mm。池塘四周和底部需要留有 150mm 厚的土层给植物生长。

野花草甸

野花草甸并不容易。附近区域必须至少 18 个月内不使用除草剂或肥料。现有的草坪不太可能成为良好的草甸基础，因此需要移走。在播种前，还必须彻底清除杂草。

要播种的野花种子应该根据花园土壤的类型、pH 值和其他因素来进行选择。你还要提前咨询专家，获取有关这方面的建议，以及询问关于生长率和播种时间等问题。不要期望草甸能迅速形成，它可能需要两年时间才能达到预期效果。即便这样，每年也需要重新种植一些花。修剪野花草甸也很重要，适当的频率和季节修剪将根据植物的种类而有所不同。确保剪掉的草被移除干净，以防止过多的植物养料返回土壤。

提供栖息地

腐木能吸引无脊椎动物和利于真菌生长。

花盆微微倾斜，雨水则无法进入，形成了蜜蜂的理想家园。

巢箱应该位于捕食者不易触及的地方。

 即使是小小的水景也能成为花
园中的焦点。在这里，水瀑流
经灰石板，最后流入浅水池，
为花园的这片区域带来了动感。

尽管这个花园的面积比较小，
但曲形草坪、水池和硬质铺装
成功地展现了形式与色彩协调
统一的花园构成原则。

▼

▲ 铺装承担着许多功能。为了方便进入花园的不同区域，混凝土铺装是通用的，可以使用各种颜色、形状和风格，还可以使用多种多样的图案拼接形式。

◀ 砾石是最灵活的铺路形式。为了防止它四散别处，要用修饰边界的材料（如砖块）对其进行限制，而这两种材料也要协调相配。

自然野趣花园

提供栖息地

为自然野趣花园选择的植物品种，不仅要吸引鸟类、昆虫和其他小动物来到此一游，还要吸引它们在这里定居下来。当然，还有很多方法可以吸引小动物来到花园里。

鸟食台 鸟食台有简单或复杂的类型，重要的是该鸟食台容易被鸟类接触到，还能够保障鸟类免受捕食者的侵扰。

腐烂的木头 它能吸引各种野生小动物，而且真菌、蕨类植物和各种藻类植物也可以在这里生长。

花盆 通过将花盆固定在路堤来为蜜蜂创建一个家，倾斜一定角度可避免雨水积聚。花盆底部撒一层细木屑，蜜蜂会很喜欢。

各种巢箱 巢箱应像鸟食台一样，远离任何捕食者。棚架、拱门和闲置的秋千都可以作为悬挂巢箱的支架。

浆料 为了吸引小昆虫前来觅食，可在一两棵树的一侧涂上一小片浆料。浆料由糖蜜和熟香蕉的混合物制成，还带有少许啤酒来增加诱惑力。

挂灯 为了在夜间吸引飞蛾和其他小昆虫，可在树上或棚架上挂灯。套上灯罩是必不可少的，这可防止小昆虫们直接接触热灯泡而受伤。

干苔藓、干草和短绳 这些是鸟类常用于筑巢的材料。将这些物品混合松散地捆绑在宽大的网眼袋上，然后从冬季开始就将其系在树枝上，供鸟类自由获取。

一个自然不规则式的花园设计

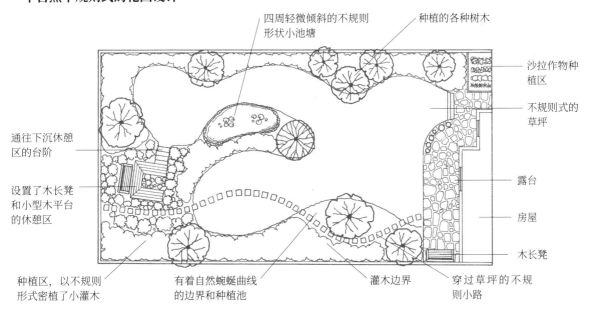

四周轻微倾斜的不规则形状小池塘

种植的各种树木

沙拉作物种植区

不规则式的草坪

露台

房屋

木长凳

穿过草坪的不规则小路

灌木边界

有着自然蜿蜒曲线的边界和种植池

种植区，以不规则形式密植了小灌木

设置了木长凳和小型木平台的休憩区

通往下沉休憩区的台阶

水景花园

毫无疑问，只要花园中有水景出现，它就会成为主要景观之一，也正因如此，水景的形式和位置必须谨慎选择。

透视中的水景

当用透视法观察水平地面的形状时，它们看起来比平面图上的更小一些。在涉及水体的地方，这种现象往往更明显。这是因为水的表面通常低于其周围环境，因此从远处看到的水面更小。当水表面接近视平线时，如观看被抬升的水池，这个道理仍适用。

在设计阶段就应考虑这种影响，将平面图放置在接近视平线的桌面上，然后观看它。另一种方法是在地面上标记水池的位置，回到房子或露台处，然后坐下来，从这个水平高度来看拟建的水池。这能反映水池最终形状的真实印象。

下图示意了分别从站立和坐下的角度来看一个不规则式的水池有何不同。这个水池周围团植着各种植物，池上有个小岛。水池前面的植物遮挡了大部分水面，小岛也对水面有压缩的效果。出于这个原因，要避免在小池塘中建绿岛，或者把池塘从前往后扩大两到三倍。

透视对池塘的影响

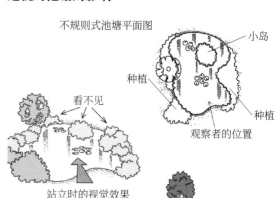

不规则式池塘平面图

小岛

种植

看不见

种植

观察者的位置

站立时的视觉效果

坐着看到的景色（水几乎要消失在视野范围内）

观看水景表面

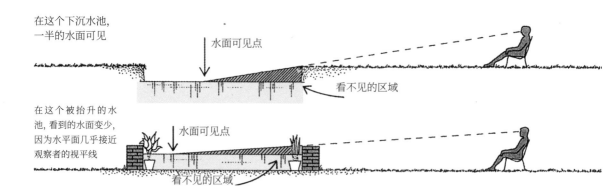

在这个下沉水池，一半的水面可见

水面可见点

看不见的区域

在这个被抬升的水池，看到的水面变少，因为水平面几乎接近观察者的视平线

水面可见点

看不见的区域

水景花园

打造水景花园需强调安全第一

水景总是很能吸引人的，特别是对喜欢玩水的儿童来说更是如此。众所周知，即使是最浅的水也可能会对幼儿造成致命的后果，因此水景设计的安全性必须优先于外在形态。但是，与其冒险，不如把池塘完全从花园规划中剔除，或者推迟到孩子们长大后再把它加入进去。

如果在儿童使用的花园中已有水池，则应把水池区域围起来，装上可上锁的门。或者，把水池底部的一个或两个地方刺穿（这些刺穿的地方可以在以后修复），将水彻底排出，并在池中填满土壤，使其变成灌木或鲜花的种植池，直到儿童到达一定年龄才将池塘恢复。

常规的下沉水池边缘不应太过平坦，因为一旦人滑落水池中，爬出来并不容易。水池越深，爬出来就越困难。如果设置一系列向池塘内部逐步深入的台阶，将会比较安全。如果是使用水泥砌合的水池，可以在水泥干之前在台阶上刷几道粗糙的纹理。如果水池太深，成人也不好涉水，则应配备适当的救援设施，例如一条掷绳或一根长度至少足以到达水池中心的竹竿。

水景花园的设计

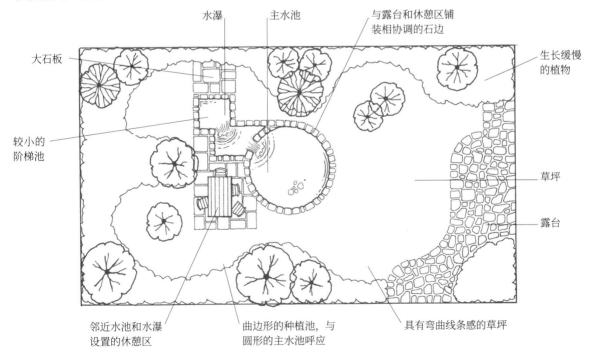

水瀑　　主水池　　与露台和休憩区铺装相协调的石边

大石板

生长缓慢的植物

较小的阶梯池

草坪

露台

邻近水池和水瀑设置的休憩区

曲边形的种植池，与圆形的主水池呼应

具有弯曲线条感的草坪

花园风格和量身定制的规划　**55**

海边花园

海边花园的设计受很多限制因素的制约，例如富含盐分的强烈海风。而且，就度假屋而言，植物还要能撑过没有定期维护管理的季节。

沿海条件

在温带地区，靠近海洋通常意味着温度适中，适宜很多植物种植，但富含盐分的强烈海风影响可能将这种优势抹杀。在选择海边花园的植物时，可以看看哪些植物在当地的其他花园中茁壮成长，而如果想要更自然的设计，可考虑那些生长在附近的野生植物。如果花园不能做到全年定期维护，比如说在度假期间

之外的时间无法给植物浇水，那么尽量选择那些能在干旱地区生长的植物品种。

在海边花园的设计中加上风障是一种普遍的做法。植物通常可比硬质构筑物（如栅栏或墙体）更好地执行此功能，前者可以通过过滤风力来减小其冲击力，而后者会使花园产生不稳定气流，有时会导致比没有屏障时更严重的损害。

如果计划长久性地在花园中放置桌椅，可使用防晒塑料或铝制成的家具。另外，木制家具一年四季都能在室外放置，如果经过防腐处理并经常维护，能较好地抵抗富含盐分的海风的侵蚀。

低维护的海边花园

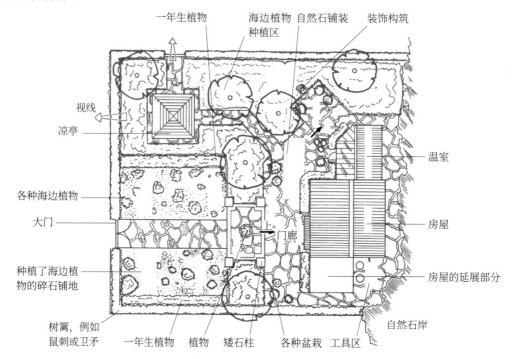

一年生植物　海边植物种植区　自然石铺装　装饰构筑

视线
凉亭

温室

各种海边植物
大门
门廊
房屋

种植了海边植物的碎石铺地
房屋的延展部分

树篱，例如鼠刺或卫矛　一年生植物　植物　矮石柱　各种盆栽　工具区
自然石岸

海边花园

低维护的海边花园

在该花园中，从大门进入，经由矩形通道可到达一处平台，其中央摆放着低矮的盆栽，四角则砌了矮石柱。温室在房子的旁边，只在前面用上玻璃，以防止夏天过热。

房屋后面靠近路堤的区域用于放工具，尽管它与花园的其他部分看起来不太一样，但生长在岩石裂缝中的本土植物能增添足够的趣味性。

亭子藏于乔灌木丛中，从这里可以观赏到最佳海景。亭子本身就是一个特色建筑物，其风格要与房屋的建筑风格配合协调。

木板铺地的小型海边花园

这个海边花园用木板作为主要铺装，高低错落打造了三层。围墙一面由房屋的墙壁充当，一面是灰泥墙，另两面由镀铝材料或木质材料作框架的防紫外线着色玻璃面板构成。圆形小跌水池是主要的特色景观，如果配合灯光，这个空间晚上也可使用。 在木板面上和围墙之内种植了各种丰富多彩的海边植物，还有其他盆栽植物作为季节性补充。

尽管墙壁和面板的围合能使木地板具有一定的抵抗含盐海风的能力，但仍需要定期用木材防腐剂对木板进行处理，帮助其抵抗来自盐分和阳光的漂白损害。

木板铺地的小型海边花园

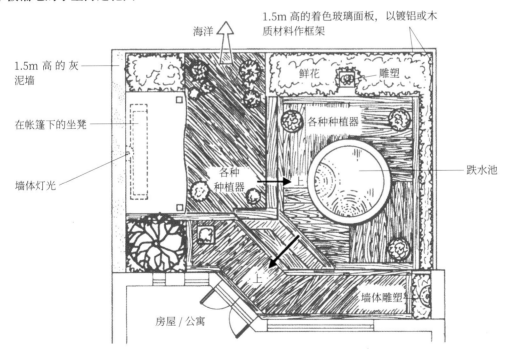

寒冷的无掩蔽场地

强风除了会引起个人不适之外，还可能会使花园里的构筑物和植物遭到破坏。当遇上低温携带冷风的情况，植物存活会很艰难，如果地面或花盆中的土壤潮湿，植物的生存问题则更严峻。只有生命力顽强的植物才能种在寒冷的露天花园中，所以建议你在挑选植物时，最好选择本土植物，因为适应了当地生存环境的植物，存活率高，但这样可能会使品种多样化受到影响。

建立防护设施

在为无掩蔽的花园设置防护屏障时，往往会因为屏障而失去了一些美丽的景色。最好是先确定哪些是最佳的景观，然后种植防护带或竖立镂空的屏障，这样不仅起到了防护作用，还能通过框景来强调景观。

无掩蔽场地中的小花园

该花园中，紧挨着花园门的是木平台，摆放着各种花盆，宽阔的台阶通往主园区，该区域地势下降，更大程度地保护其免受盛行风的侵扰，而从这里挖去的土壤，则重新用于填充被抬升的种植池。

种植池被抬升的高度使作为屏障的植物立马得到了额外的高度，相当于加高了屏障的高度。在木平台

无掩蔽场地中的小花园

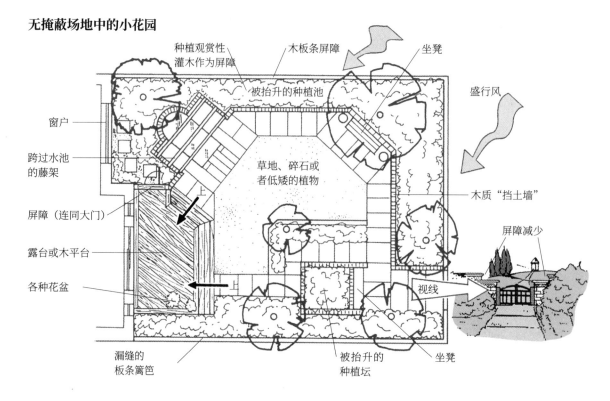

种植观赏性灌木作为屏障 · 被抬升的种植池 · 木板条屏障 · 坐凳 · 盛行风 · 窗户 · 跨过水池的藤架 · 草地、碎石或者低矮的植物 · 木质"挡土墙" · 屏障减少 · 屏障（连同大门） · 露台或木平台 · 各种花盆 · 视线 · 漏缝的板条篱笆 · 被抬升的种植坛 · 坐凳 · 上

的旁边是一个小型的规则式水池，其背后是延续的木"墙"，而水池上方则架起了藤架。顺着左边的一条园路，可来到一张朝向园内的坐凳（这是从房子可看到的一个焦点）。园区另一边则设有被抬升的种植器，种植着开花植物和草本植物。 在种植器的后面，设置了一张坐凳，面向园外开阔的景观。

寒冷无掩蔽场地的保护措施

在迎风的一侧，一排茂密耐寒的灌木组成了最好的防护带。 如果在防护带中心设有渗透性屏障，那么防护带效果将进一步得到改善。 然而，为了使其明显奏效，必须进行大量密植，但这在小花园中是不可能的。 在这种情况下，设置漏缝屏障或"穿孔墙"是一种好方法，如果在一侧或两侧种植耐寒植物就更好了。

渗透性屏障，例如树篱、板条做的漏缝篱笆或者一排树，能够使强风衰减，减少风的冲击力。

实心屏障不适用于暴露无掩蔽的场地。因为强风会随着风向跨过实心障碍物，更加剧风速；而当风往下吹时，可能会产生极不稳定的气流，从而使空气和地面温度下降，危及植物。

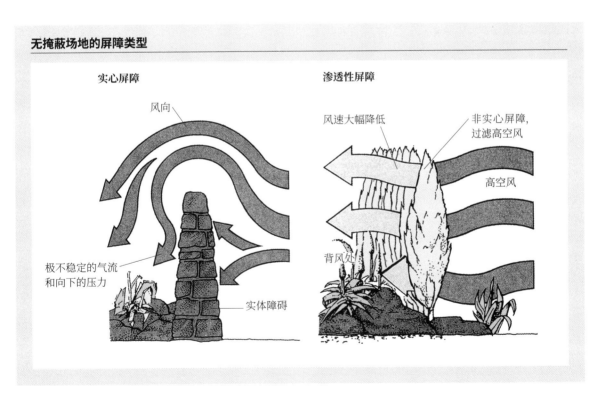

无掩蔽场地的屏障类型

实心屏障   **渗透性屏障**

风向

极不稳定的气流和向下的压力

实体障碍

风速大幅降低

非实心屏障，过滤高空风

高空风

背风处

炎热干燥区的花园

如果花园处于炎热干燥的气候区中或者长时间无人看管，植物就很容易出现缺水问题。壮实的耐旱植物在较温暖的气候区中常被优先作为装饰植物使用，这些耐干旱的植物包括多肉植物、仙人掌和很多来自炎热干燥地区的窄叶植物。与具有光泽或蜡质的叶子相比，这些植物更能保存水分。在炎热干燥的地方，银叶植物也很常见，它们通过长出能够反射光线的叶子来适应环境。在这种炎热干旱气候下的花园，植物各种各样的叶子跟开花植物一样，为园子增添了丰富的色彩。

遮阴

如果你希望能在炎热干燥区的花园中舒适享受，那么必须要对花园进行遮阴。遮阳伞、藤架、凉亭和树木都可以发挥遮阴的作用。白色的房子墙壁能够反射阳光，使房屋内部变得凉爽，但对于坐在室外的人来说，这很令人眩目。

同样，颜色太浅的铺装可能反射光线太强烈，使在花园中行走但没戴太阳镜的人感到不舒服。相反，黑色或无反光铺装大量吸收太阳热量，造成地面过热而难以行走，尤其是对赤脚而言更是如此。淡淡的"土色"的铺装或者中性色的砾石，应该是强烈阳光下的地面铺装的较好选择。

遮阴区域也可以通过种植来创建：在设计中使用长得较高的乔木和灌木，为花园的观赏者和其他植物提供阴凉处。花园内存在的干热气息可以通过在设计中加入水景来冲淡，在石头上泉涌的声音或喷泉水瀑的声音会给你带来一丝凉爽的感觉。将喷泉或水池设置在阴凉的位置，将蒸发量限定在最低水平，并且，水应通过水泵进行循环使用。

不规则式的干热岩石花园

在右边所示的花园中，虽然木平台和露骨料混凝土园路有棱有角，但花园的整体感觉是不规则式的。阴凉区由一把太阳伞和一棵生长在木平台上的遮阴树提供，树的根部扎深在底下的土壤中。

花园的主区域以砾石铺设，周围环绕着大石块，还种植了旱生植物，多为本土品种，具有很好的观赏性。位于左侧的是露骨料透水混凝土"之"字形园路，路径的大部分都隐藏在木棚架之下。木棚架缠绕着攀援藤蔓，在阳光下能形成斑驳的影子。虽然构成棚架的木材被阳光晒得发白褪色，加剧了花园的干热气息，但是缠绕着的藤蔓植物带来的丝丝凉感似乎能使这种闷热气息得到缓解。在花园中使用的其他木材，可以用彩色着色剂进行染色处理，但需要与花园的整体色彩以及混凝土和砾石的花纹协调融合。

岩石与干热的环境很匹配，所以运用石块打造岩石花园是很不错的选择。在可能的情况下，最好能寻找可回收利用的石块，也可以尝试使用仿石材料。

在最左边的角落是隐藏着的一个凉亭，凉亭的屋顶和侧面使用了板条构造，使其内部保持舒适凉爽。从砾石地面走过台阶，穿过巨石堆砌的短隧道，可到达种植着喜阳的匍匐植物区。

炎热干燥区的花园

不规则式的干热岩石花园

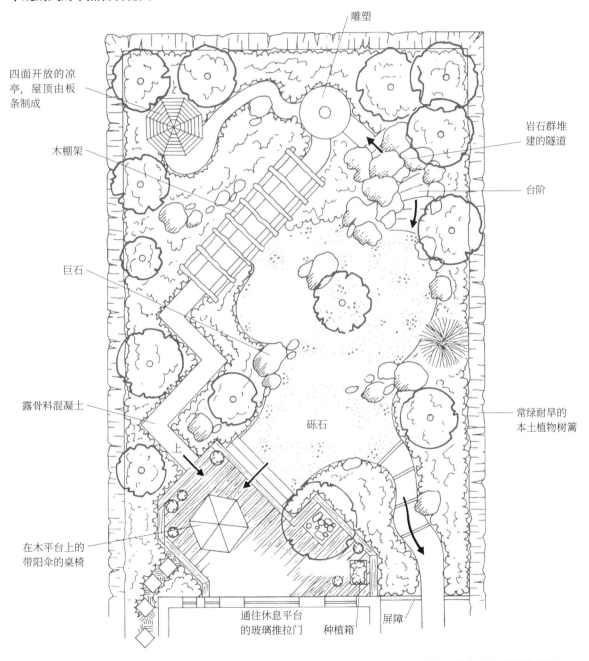

雕塑

四面开放的凉亭，屋顶由板条制成

岩石群堆建的隧道

木棚架

台阶

巨石

露骨料混凝土

上

砾石

常绿耐旱的本土植物树篱

在木平台上的带阳伞的桌椅

通往休息平台的玻璃推拉门　种植箱　屏障

不规则式的高山岩石花园

不规则式的高山岩石花园

    下图所示不规则式的高山岩石花园是以墙体和岩石园形成基本结构，高山植物和针叶树作为简单点缀。砾石是花园中主要的地面铺装，因为它们与高山植物有着天然的联系。沿着房屋墙壁是一条石块铺装的园路，既可作为通道，又可作为砾石铺装的边界，避免大量砾石不小心被带入室内。

    螺旋上升的种植池高约750mm，以石墙作支撑，样式和颜色与边界墙相似。螺旋形成垂直的阳光区和阴凉区，从而增加了可种植的植物品种范围。

    花园侧边被抬升的种植池种植了许多壮实的高山植物和针叶树，而周围的墙壁则主要以攀缘植物为主。靠近房屋角落处有一处铺设了硬质铺装的小岩石园，可以从邻近的窗户向外欣赏到。

    岩石园打造得很自然，是以分层方式堆建，使用的石头类似于在边界墙上的石头，但是要大得多，这能达到视觉和谐，并有助于融合花园的规则式和不规则式元素。根据园主的个人爱好，岩石园可种植对生长要求不高的高山植物或稀有植物。花园中有一个小岩石堆砌的水池，能让观赏者暂缓脚步，聆听轻轻流动的泉水声。园中还设有一个通风良好的温室，能保护植物安全过冬。

不规则式的高山岩石花园

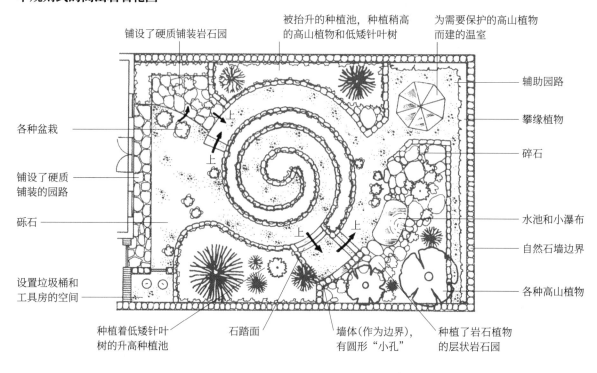

铺设了硬质铺装岩石园

被抬升的种植池，种植稍高的高山植物和低矮针叶树

为需要保护的高山植物而建的温室

各种盆栽

铺设了硬质铺装的园路

砾石

设置垃圾桶和工具房的空间

种植着低矮针叶树的升高种植池

石踏面

墙体（作为边界），有圆形"小孔"

种植了岩石植物的层状岩石园

辅助园路

攀缘植物

碎石

水池和小瀑布

自然石墙边界

各种高山植物

不规则式的高山岩石花园

将岩石园融合到花园中

只是在墙角堆满大小相同的石头而组成的岩石园从来不会吸引人。即使在最小的花园里，岩石园也应该尽可能设计成最自然的形式，如果可以的话，尽量使用可循环利用的石头或当地石材。岩石园可以采取多种形式来打造。

层状岩石园 这种类型或是被设计成类似侵蚀的岩石，岩层清晰可见，或是被塑造成峭壁，上面有适合植物生长的土壤。把大岩石铺设妥当，使它们向内朝岩石园的中心倾斜，这使得结构更加稳固和安全，并促使雨水回流到需要的地方。

巨石园 经流水侵蚀的巨石一般不会以分层状态出现。因此，它们需要在传统的层状岩石园中寻找立脚点，但它们只要按一定的方式排列，就能够如雕塑般被人欣赏。巨石园的基调由周围相关的植物决定。例如，同样的巨石，如果设置在砾石环境中，配合种植多肉植物，营造出了干旱地带的氛围；而如果设置在长满苔藓的荫蔽环境中，配合种植玉簪、蕨类植物和鬼灯檠，则是湿润地带的氛围。

踏面岩石园 最适合使用的是大块扁平石头，尺寸要足够大，可安全踩踏并允许植物蔓延生长。石块之间的接缝宽度约为25～50mm，抹上石灰砂浆可使其牢固。在铺设石块之前可以弄些堆肥袋，用于后期的植物种植。

巨石布置

巨石园（横断面）

苔藓或茂密的地被植物为首选

铺装岩石园

铺装岩石园（横断面）

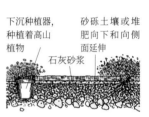

下沉种植器，种植着高山植物
砂砾土壤或堆肥向下和向侧面延伸
石灰砂浆

碎石园 这种自然碎石是由从岩石露头掉下来的石屑混合土壤而成的，它可以在花园中独立堆积形成园林小品，或者与层状岩石相结合构成岩石园，为一系列旱生植物和其他适应了干燥的砂砾生存环境的植物提供了种植机会。

低矮针叶园 低矮的针叶树在形状、习性和色彩上与其他植物差异很大，很难使它们融合为花园中的一部分，这就是为什么它们更适合作为个人收藏的植物品种或作为高山花园的特色植物。在选择作为"低矮"品种出售的针叶树时，你要先记得查询它们最终高度和舒展情况的相关信息：一些品种仍然可以达到2m的高度。

低维护花园

不需要花费过多的时间对花园进行维护工作是成功设计的一个重要体现。当然，如果没有适当的维护，哪怕最开始十分迷人的花园也无法持续下去。花园的维护量可以通过两种方式来减少：首先运用省时省力的园艺设备，并且在设计中不增加需要高维护的植物、构筑物或片区；其次，在日常维护过程中使用高效的技术。

覆盖

覆盖物对于大多数植物来说都很有用，有助于抑制杂草生长并减少浇水的频率，可以应用于蔬菜、水果或其他乔灌木周围。

如果树木是种植在草地区域，使用专用的柔性覆盖物（如沥青毛毡和最终会分解的天然纤维）有利于树木的生长。

大多数植物受益于覆盖，尽管鳞茎或根茎不喜欢在它们周围的覆盖物。覆盖的厚度至少为75mm，而且是留在土壤表面，并不需要埋入土中。在开阔的地方，可以使用砾石、鹅卵石或小石块作为主要的地面覆盖物。

灌溉系统

浇水是很有必要的，但却是费时又费力的维护操作。在夏天，种植容器里的植物至少需要每天浇水一次。在降雨量少或夏季炎热干燥的地区，安装灌溉系统是很可取的。花园越大，有了灌溉系统越能节省人力和物力。灌溉设备有多种类型可供选择，从简单的

自制水龙头套件到复杂的定时多功能系统都有，后者必须由专业人员设计和安装。"滴漏管道"系统的小孔数量根据软管的长度增减，水从孔中渗出是其基本方式，这与花园的喷洒器相比，能有效地减少水资源的浪费。灌溉系统在夜间运行效率最高，经济效益也最好，因为在夜间，植物体内水分蒸发微弱，水分散失较少。

倾斜区域

当草堤向下倾斜直到篱笆或墙体结束时，对这片草地采取传统的修剪方法是难以进行的。电动修剪器在这些不平整而又倾斜的地方较容易操作，但操作者以及草坪上的幼树及灌木都需做好保护措施，操作者应戴上护目镜，以免受到飞扬的茎秆、砾石或土壤的击打，树干基部应用塑料护罩进行保护，以防受到划破等伤害。

结构

除了需要清洁之外，石头、混凝土和砖块的结构并不需要过多关注。

木结构、甲板和篱笆需要定期检查，查看是否有腐烂和变质迹象，并进行适当的处理。软木可以用防腐剂进行预先处理，但只能在有限的时间内保持效果，可能长达15年。因此，花园的许多结构需要继续使用防腐剂进行"后续"处理。使用木材染色防腐剂比喷涂油漆更快捷和节省成本，因为后者需要更频繁地涂抹。

低维护花园

在下图所示的这个花园中，不同的材质和空间运用创造了一个简单而有趣的设计，说明了一个需要很少维护来保持良好秩序的花园，并不一定是枯燥无味的。其中，曲线和圆形在中心占据着主导地位，柔化了矩形花园的规则感。

最靠近房子的区域铺设了方砖，中间是稍抬高的种植池，与花园中的其他种植池和边界一样，被抬高建设是为了使土壤更好地保留在原地。砖块暗示了纹理的变化，一直延伸到砾石铺装区（草坪的替代选择）。这里有一个砖砌圆形水池，在其四周边缘种植了植物，柔化了硬质材料。木板和石子铺设的简单休息区是圆形的组成部分，并且这是欣赏水池以及稍远处种植池的理想位置，而且，它的形态也与圆形砾石区相呼应。

花园里的所有种植池都密集种植着低维护的灌木和多年生植物，植物之间缺乏间隙，防止了杂草的生长。花园两边的边界种满了生长缓慢的常绿灌木，这些灌木仅需要低频率的修剪，同时，还选择了一些小乔木来调节高度。

在花园最远处的隐蔽休息区，使用砖块作为砾石铺地的边界，令花园设计更具统一性，这也是砖块的另一种使用方式的表现。

低维护花园

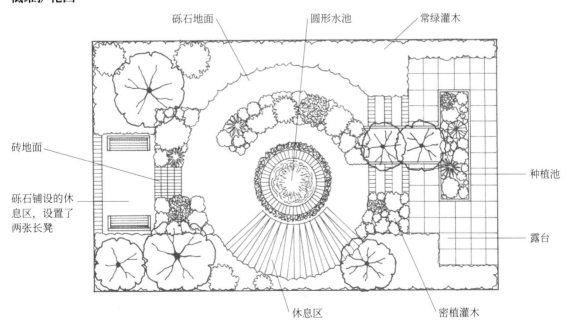

砾石地面　　圆形水池　　常绿灌木

砖地面

砾石铺设的休息区，设置了两张长凳

种植池

露台

休息区　　密植灌木

生产性花园

花园中的生产性区域通常被遮掩起来，尤其是在其他区域都经过精心设计和维护的情况下，生产性区域更显得黯然失色。但是，在适当的条件下，长势良好的健康作物可以像其他植物一样吸引人，并且可食用性也是其亮点之一。随着人们对种植蔬菜的兴趣渐浓，蔬菜越来越普遍地被用于观赏植物栽培中，例如在观赏植物中种植油菜就很常见。

规则式的生产性花园

在一个对称规则式的花园中，数个几何形状的区域分列在花园纵轴线的两边，蔬菜就种植在里面。为了保持一致，低矮的果树可以种植在大型陶盆中，甚至修剪成金字塔形或球形，然后将这些修好形状的树木对称摆放。

园路是作为规则式设计的一部分，也是划分生产区域的界线，可以种植猫薄荷、香菜或其他香草来修饰边缘。此外，格栅或拱门可以用于种植攀缘植物，有纯粹的观赏性植物，也有结果可食用的植物。如果觉得阳畦和工具房不美观，可用格栅把它们遮掩起来。在生产性的规则式花园中，可供观赏的温室能够成为完美的焦点，应该好好展现。

不规则式的生产性花园

虽然规则式的区域可能最适合蔬菜种植，但不规则式却是大多数花园的优选风格。在一个不规则式的生产性花园中，所有的树木尽量选择能生产水果或坚果的品种，这些树种在花期时的表现与其他观赏花卉一样好看。若要遮掩一个功能性温室或阳畦，可以采用种植果树的方法来进行视线阻挡。如果需要建造棚架来保护植物果实，可以使用黑钢框架和网来制作。黑色是最不显眼的颜色，而且在它前面种植一些可作掩护的植物，能够使棚架几乎看不见。

小香草园

香草植物虽然主要是出于烹饪目的而种植，但有些香草具有好看的外观和吸引人的芳香气味，是兼具观赏价值和实用价值的代表。一个完全种植香草的花园可以单独存在，也可以作为大花园的一部分而存在。香草是很好存活在容器中的植物，可以灵活设置在花园中。大多数香草园都是不规则式的，因为测定不同香草的高度和拓展范围是非常困难的，而且更难以将它们限制性地固定下来。然而，留出一片规则式的小场地来种植香草植物也未尝不可，场地的四周可以依旧种植香草作为边界，例如迷迭香。用装饰性的构筑物来表示香草园的入口，如种植着芳香四溢的攀缘月季的拱门。边上的树篱要保持修剪整齐，它将成为阻挡冬季寒风的最佳屏障。

规划香草园时，行进通道的设计是非常重要的。你肯定不会想在潮湿的草地上行走，或者在其他植物中翻找香草。砾石小路可将花园划分成几块，形成了通道的同时也构造了形状，它能顺延到坐凳处，或者突出中心的焦点景观，例如日晷。在如此一种简单而平衡协调的安排下，不同种类的香草可以在每一块地中好好生长。

小型生产性花园

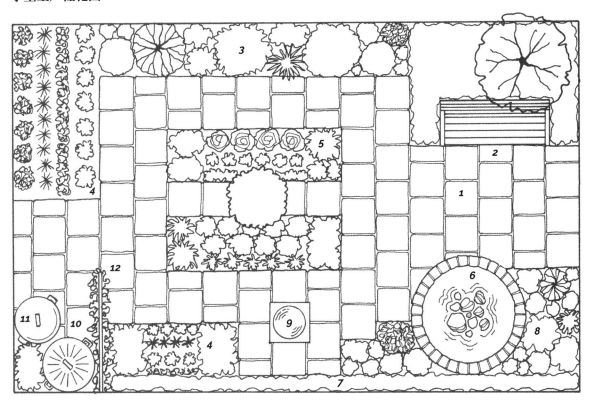

上图是一个半规则式的小型生产性花园，大约7m×5m，可以种植沙拉、香草、一些蔬菜、水果以及观赏性植物。它也是一个给人放松休息的地方，还是一个野生小动物的栖息地。

中央种植池种植着沙拉和食用性香草，在其边缘处的植物选择了能吸引蜜蜂和有益昆虫的品种。石板铺路取代了草坪，两石板的缝隙空间种有匍匐生长的香草植物。另外还有一个低矮的喷泉在石头上冒泡，一个精致的鸟食台适合鸟类在此呼朋唤友，水生植物处栖息着青蛙，篱笆上覆盖着攀缘植物。

尽管空间有限，但还是有一个回收厨余垃圾的垃圾箱和小型堆肥箱，被放置在花园的角落处，其中堆肥箱主要用于处理花园的废弃物和粪肥。

1 有缝隙空间用于种植的铺路

2 坐凳

3 小乔木、大灌木和地被植物

4 蔬菜种植池

5 一年生草本植物和沙拉植物种植池

6 在石头上的喷泉

7 果树缓冲带、攀缘植物或树篱

8 观赏性植物

9 鸟食台

10 堆肥箱

11 垃圾箱

12 种植着攀缘植物的格栅

◀ 木板地面适合就坐、用餐或进行日光浴，板与板不必平行排列，可选择复杂的模式进行拼铺。

▼ 圆形鹅卵石和不同形状的石板相结合可以创造出不同形状的醒目园路，特别是在规则式的环境中更让人眼前一亮。

◀ 作为最具装饰性的铺路之一，人字形小径通常需要某种材料修边，以确保砖块在使用过程中不会移位。图中这条小路以砾石作为修边。

▼ 即使是最吸引人的不规则式花园，也需要路径将观赏者从一个地方引导到另一个地方。在晴天时候走过的草坪，在大雨、霜冻或下雪后可能会变成泥潭。

▼ 不规则式园路能够营造轻松愉悦的氛围。非常规的铺装或不同形状的石板拼铺尤其适合不规则式花园或村舍花园。

屋顶花园

由于种种原因，屋顶花园使用的设计方法和施工技术不同于地面花园。

花园的重量必须要得到屋顶的支撑，包括防水系统和偶尔进行的维护操作也需要屋顶承受得起。尽管铺设了特殊的木材通道（称为甲板）来分散在屋顶上行走的人的重量，但每进一步的负荷都可能导致建筑物严重的结构损坏，甚至造成倒塌。在没有咨询结构工程师的情况下，切勿开展屋顶花园的建设项目。有从业资格的结构工程师能判定屋顶是否适合支撑屋顶花园，或者可能需要采取什么措施来实现。

设置屋顶花园的构筑物

平屋顶最具支撑力的地方是那些靠近支承墙的位置。支承墙通常位于建筑的外缘四周，但这取决于屋顶的大小。屋顶花园的所有重物应尽可能靠近支承墙布置，中心位置只摆放较轻的物品。然而，在边缘附近放置的物体总会有从屋顶上掉下来的风险，因此要确保设计中不使用任何结构不稳定的构筑，并且任何可能会被强风吹动的物体都必须固定在甲板上。

排水

切勿乱动排水系统和防水层，否则可能会导致主要房屋结构出现渗水情况。然而，当格栅、安全围栏或甲板装置固定后，可能会发生渗水迹象。

屋顶花园的设计必须确保雨水能很快从所有水平表面排走，因为水不仅可能渗透到建筑结构，而且水的重量对建筑也会造成损害。即使是很浅的积水，在大屋顶上也能积聚成巨大的重量。

种植

屋顶花园长期种植的植物必须能够忍受冬天的寒风。在低温下，植物的根部和它们生长需要的堆肥可能会被冻住，在夏季，堆肥变热时会很快完全变干，这两种情况都不利于植物的正常生长。除非有全年度的庇护区、季节性适当的浇水和高水平的维护，否则屋顶上只能种植存活顽强的植物，如小檗、醉鱼草和铺地蜈蚣。一年生植物是理想的选择，它们在夏季生长繁盛，而又不必遭受冬季的严峻考验。然而，冬季也不能太冷清，在冬季开花的三色堇和一些常绿植物可以用来达到很好的装饰效果。

屋顶花园最好能设置自动灌溉系统，因为手动浇水很费时费力，尤其在屋顶上更加困难。

木板铺地的屋顶花园

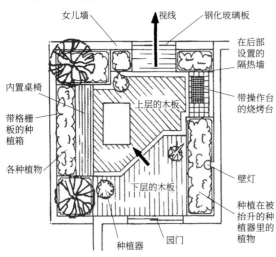

女儿墙　视线　钢化玻璃板
在后部设置的隔热墙
内置桌椅
带操作台的烧烤台
上层的木板
带格栅板的种植箱
各种植物
壁灯
下层的木板
种植在被抬升的种植器里的植物
种植器　园门

木板铺地的屋顶花园

屋顶上铺设的木板是分段铺设的，以便在必要的时候可以将其提起。砂砾作为良好的铺材，保证了较好的排水性，能有助于散热，而且铺撒在屋顶上重量均匀，不对屋顶造成太大的负荷困扰。

独立式种植箱之间设有附属的坐凳，可供人休息赏景。种植箱常使用附有格栅板的类型，格栅板原本就作为结构的一部分而存在，避免了另外往种植箱钉上格栅板而造成结构不稳定的问题。理论上来说，不应该用螺栓将格栅或类似结构固定在女儿墙上，因为这会增加强风对墙体结构造成破坏的风险。种植箱的底部要留有缝隙，以便排水，并将基部抬起，基部的支撑点越多，种植箱整体的重量就越均匀地分散在屋顶表面。

永久性设置的烧烤台是夏季的亮点之一，但它不宜从园门进入即出现在视野之内，因为它在冬天可能显得不那么吸引人。

使用钢化玻璃作为屏障，可以使屋顶花园与花园外的景色融合连成不间断的景观。如果加入灯光照明设计，这个屋顶花园还能延长在夜间的使用和观赏时间，也别有一番情趣。

屋顶花园中的独立式种植箱

格栅

女儿墙

DPC 防水带

屋顶面

为残障人士设计的花园

残障人士的愿望和需求与其他人没有什么不同，所以花园的设计必须与平常一样都是根据个人的喜好和需求量身定制的，但是残障人士最终能否享用花园在于无障碍通道的建设程度。

大多数人将那些为残障人士而建的花园理解成被抬升的种植池或工作台。虽然这样可能适合某些园艺活动，但这并不是通用的解决方案。

设计准则

对于轮椅使用者来说，被抬升的种植池维护起来更加困难，因为工具必须提升至腰部水平位置进行使用，在这种情况下，即使是特殊改装过的工具使用起来也会显得笨重。而以地面支撑工具的重量，做向下的运动，通常对每个人来说是最容易掌控的。

另一方面，无论个人行动是否方便，工作台的设置升高至人的腰部水平位置通常都更有利于操作。

对于部分视障的人士或盲人来说，需要采用不同的设计准则，但同样地，便利而安全的通道最为重要，特别是当花园具有激发触觉、嗅觉和声觉等充满趣味性的设计时更加需要安全便捷的通道引导。

在建造这样的花园时，安全性是比平常花园更重要的设计内容。园路需要较为宽阔，要提供可坐下来休息和欣赏花园的地方。进入花园的通道应该简单些，并且尽可能将花园建成低维护类型。

花园里的元素

为行动不便者铺设的园路必须要使用防滑表面，而且要尽可能平坦。平坦的天然石板是很好的选择材料，首先是它有美观的外形，其次是它比较容易形成曲径。园路不宜出现锐角，而曲线需要足够柔和。出于安全和舒适的原因，花园内的坡道一般不应出现比1：20更陡的坡度。

休息区应设计为可放置轮椅和设置了传统坐凳的空间。墙体的顶部也可以用作坐凳，这有利于维护，并且能让人与植物更亲密地接触。

因为维护花园的时间与精力有限，所以开放空间可以使用只需低维护的砾石铺设，或使用草皮覆盖，又或种植地被植物。边界的邻近区域应种植更健壮的灌木，而这些灌木不需特别花心思去维护。

为残障人士而建的花园

这个花园中，主要平台铺设了防滑面，适合坐下休息、娱乐游戏、户外就餐和进行日光浴。

在主要休息平台的尽头，铺装发生了变化，意在表示方向或环境的变化，这种手法在整个花园中反复使用，对视觉障碍者尤其有安全指示的作用。在右图的例子中，木材铺装意味着此区域已与休息平台有所不同，中间还设置了平缓倾斜的坡道（配有扶手）来协助高差的过渡。

休息平台附近的被抬升设置的种植池让人更容易接触到植物和嗅到植物的气息。当然，高大的植物不需要以这种方式种植。在这个花园的所有休息区中，其中有一个座位设置在水池对面，在此望向花园的远端，视线终止于一个恰到好处的焦点。如果这个花园

为残障人士设计的花园

是为盲人或部分视障的人士设计的，可以选择在那里设置一个能触摸的雕塑。在花园的尽头，是一个半圆形的草坪，它被砂石铺路所包围，又是用材质暗示着另一个区域的变化。花园里的种植池种植着以质感和香气取胜的灌木，选择的乔木吸引了鸟类、蜜蜂和昆虫，其中一些小动物声音尤其动听。

为残障人士而建的花园

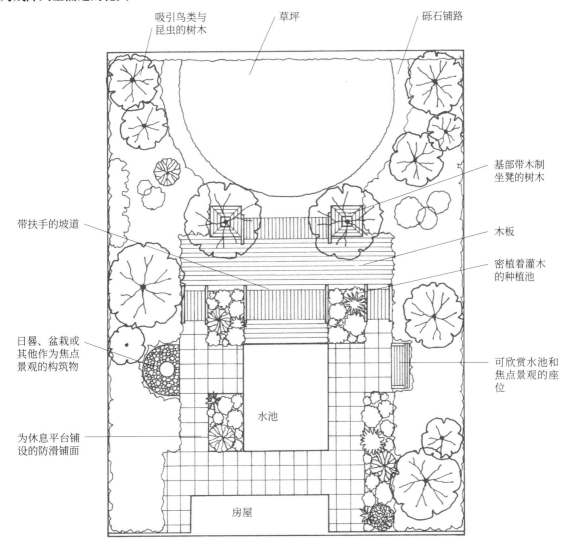

吸引鸟类与昆虫的树木

草坪

砾石铺路

基部带木制坐凳的树木

带扶手的坡道

木板

密植着灌木的种植池

日晷、盆栽或其他作为焦点景观的构筑物

可欣赏水池和焦点景观的座位

为休息平台铺设的防滑铺面

水池

房屋

布置植物

在决定了花园的布局之后，是时候考虑具体需要在哪里种植哪种植物的问题了。花点时间去了解计划种植的植物习性，包括它们所需的生长条件以及成熟后将达到的高度和延展范围。对植物所需要的维护措施也要心中有数，同时也要考虑它们在设计中如何进行全年候的组合搭配。

乔木

将乔木种植在它们能够被欣赏的地方，还要避免它们超出种植范围。不要把乔木太靠近建筑种植。除考虑乔木的树形，还要把花叶和果实颜色也一并考虑。常绿乔木能够全年保持着形式没有太大变化，而落叶乔木虽有干秃的时候，但有些品种却反而更有趣味。

灌木

灌木可以帮助构建植物主题的框架。在设计混合品种种植的花境时，可以先将植物列在规划图纸上，并根据它们处于花期最佳状态的月份进行编号，这可展示一年中哪个时候花园是最热闹的，以及哪些时间段需要补种植物。

树形

在种植前了解乔木的特性是很重要的。乔木有舒展形（a）、垂枝形（b）、锥形（c）和圆锥形（d）（下图）。了解树木最终能长到的高度和延展范围，在规划花园时应该给它们预留合适的生长空间。

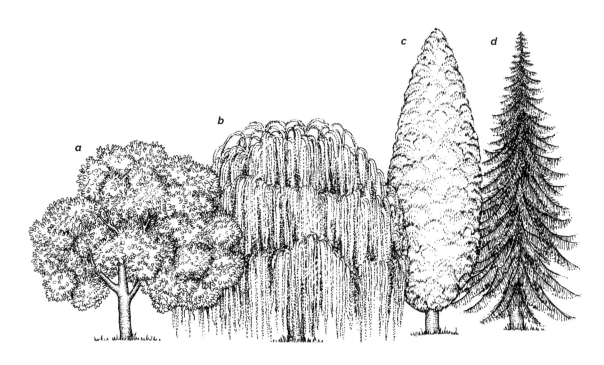

水平面的种植

草是最常见的地被植物，因其具有自身独特的魅力，也能够作为花园构筑物和其他植物的衬托。草的选择取决于许多因素：用途、外观、气候、种植位置、土壤类型和需要的维护量。一些草地纯粹用于外观展示，一些草地则是着重利用其耐踩踏的特性，能用于开展球类运动。

如果场地不适合种草，可以使用其他低矮的植物代替。选择的植物品种需要具备在特定条件下能够生长良好的能力，而且可以根据环境进行自我的调整，这比其外观更重要。所选的植物外观可以类似草的样子，尽管许多植物并不具备其半常绿的性质。其中值得考虑选择的品种有很多，例如低矮的麝香草、努草、蚤缀、苔藓和洋甘菊。苔藓在日本被广泛用作密植的半常绿地被植物，但需要给它提供喜好的阴凉潮湿环境。在较暖或有遮蔽的地方，可以使用质地独特或花色鲜艳的稍高点的植物品种，例如荷包蛋花。稍高点的地被植物包括有天竺葵、金雀花、长春花、多种针叶植物、藤本植物以及筋骨草等。

在无霜气候下，生长在排水良好的土壤中的多肉植物开花色彩鲜艳，如莫邪菊或松叶菊。至于能够更长期使用的品种，则有匍匐的铺地蜈蚣和低矮的杂交月季。

无论选择何种地被植物，它都应该对花园起到既有用又有吸引力的效果。地被植物通常可以简单地选择那些便于花园维护或能够填补尴尬角落的品种，但也可以考虑如何让它们更好地衬托起附近种植的植物。

根据你想从地被植物中获得的视觉效果，综合植物的生长特性及土壤条件等因素，然后选择理想的品种。如果你特别喜欢某一种植物，但要它去完成不适合的任务，这显然不是正确的选择。

干燥阴凉处

紫花野芝麻能够在干燥阴凉处蓬勃生长，其他野芝麻属的植物同样如此。

炎热干燥的区域

在炎热干燥的地区生长的低矮植物常常花色鲜艳，叶子有银色光泽。

林下种植

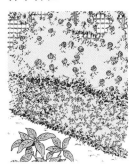

作为背景衬托或林下种植的低矮植物有小长春花和常春藤。球茎植物例如藏红花也是很好的用材。

装饰效果

起到长期装饰效果的低矮植物有常春藤、常青的卫矛（可以进行修剪塑形）。

施工建设

当你对花园做好了功能性规划和风格鲜明的设计后，就要开始艰辛的施工建设工作了。在花园进行植物种植对你来说可能是放松、消遣的方式而不是烦琐的任务，而关于围栏建设、铺装铺设、墙体建造或者水池打造等工作，你可能更倾向于留给承包商去包办。然而，按照本书给出的指导，通过自己亲手做一些施工工作，你能获得新的技能，并会为自己能够创造出东西而得到满足感。

在你开始之前

大多数人都会发现，自己的花园很靠近邻居。如果你打算进行大型项目的操作（可能会在施工期间产生噪声），那么你应该事先向邻居解释一下情况，这起码可以避免潜在的纷争，在最好的情况下，你甚至能得到邻居的热情帮助。事实上，大型的建筑项目，有时甚至可能需要获得当地政府部门的批准才能进行施工。

工具

你的工具箱里可能已经包含了许多工具 ——水准仪、锤子、泥铲和锯子，这些将用于花园的建设过程，你也可以考虑购买或借用其他更多的工具。如果有新工具在未来也可能经常使用，可以考虑购置。还有一种选择就是租用商店提供的设备，如混凝土搅拌机、切板机和电动夯土机，使用这些工具可以节省大量的时间和精力，例如使用夯土机会比使用木槌和板条更省力。

安全

无论你使用哪种工具，都要安全地使用，确保你的眼睛、手和耳朵得到很好的保护。无论天气情况如何，都要穿上合身的防护服和防护鞋——在温暖的日子里，你可能不想让自己被完全裹住，但请坚持穿着。在施工工作上要多花些时间和心思，注意总结经验，以减少可能存在的错误和危险。如果有大量材料需要运送，请将这些材料尽可能靠近工作区存放。抬东西时需要小心谨慎，膝盖要弯曲，更要注意的是量力而行，避免受伤。铺设大块木板和石板，可踏在它们表面上，把它们踩实在适当的位置。还有，不要总是把手推车搁置到一边不用，应多用它进行材料运送。

选择材料

所有花园都必须具有基本的构成元素——墙体、围栏、园路等，用于连接、划分或隔离场地的各个区域。在为这些设施选择材料时，要知道它们在成本、耐用性、维护要求和美学性方面存在巨大差异。

木材

木材是花园中使用最普遍的材料之一，适用于多

石块、砖块和混凝土

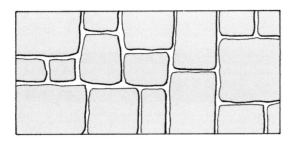

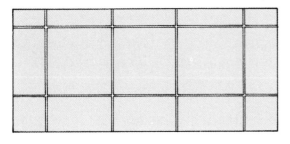

种结构。木材主要可以分为两大类：硬木和软木。这两个词语可能会引起误解，而它们并不是木材实际硬度的准确指示，但一般而言，软木通常比硬木更柔软。

软木 通常由针叶树或圆锥形树木得来，其中包括松树、冷杉和落叶松。软木经济实惠，还易于锯刨和用砂纸打磨，而且拧上螺钉也方便，但是钉子可能会导致木材沿着纹理开裂。以各种长度出售的软木，主要有两种形式："锯制的"或"刨制的"（"预制的"）。锯制类型比刨制类型便宜，并且通常在不需要光滑精细的外观情况下使用。锯制木适用于本书中提到的大部分使用木材的施工建设工作。

硬木 一般来自阔叶树，如山毛榉、桃花心木、柚木和橡树。硬木使用没有那么普遍，价格通常比软木要贵，而且硬木一般较少用于普通花园的施工建设。硬木会被用于花园家具的制作，因为其自然纹理强调了桌椅的外观美感。

留意木材的瑕疵

在选择木材时应该仔细检查，留意以下常见的木材瑕疵。

木结 如果木结渗出树脂，你会发现木材很难锯断，而且黏性树脂会在刷上涂料后继续滴流下来。使用虫胶清漆可防止"活"结渗流。"死"结经常会脱落，在木材上留下一个洞。

翘曲 抓住木头的一端，沿长度看是否有严重的翘曲，不能使用翘曲严重的木材。

裂缝 留意沿着纹理或木材环形圈之间的裂缝，

这些裂缝可能会导致木材崩裂。表面的细裂缝可能并不太严重，很细的裂缝可以在上涂料前将其填充，但有宽大裂缝的木材就不要使用了。

砖块

砖块被广泛用于建设花园的墙体、烧烤台、种植池、台阶和其他坚固的构筑物。砖块在潮湿的条件下经久耐用，同时砌体结构也具有足够强度和稳定性，使其能够支持其他构筑的负荷——例如支撑棚架上的木质顶盖面。

砖块通常由黏土制成，黏土砖中的一种是"普通"砖，适用于多数的建筑情况，另一种是"异形"砖，主要是用来突出构筑物的外观。

在潮湿环境或地下空间使用致密而坚实的适用工程的砖块是有必要的。而关于防水性，可分为 A 类和 B 类，A 类比 B 类有更强的防水性。

一些墙砖与天然石材相似，并且比一般的砖头有更自然的外观。它们主要由混凝土制成，会加入天然石材的纹理来使外表看起来更接近自然和更有质感。纹理只存在于一面，运用"裂纹"工艺（具有裂纹石的外观）或"切割"工艺（人为地切割以制造更粗糙的外观）制作。通常会有各种颜色可以选择，一般是模仿了当地的石材颜色：浅黄色、绿色、黄色、红色和灰色都较为热门。

天然石材

从采石场或大型采购中心购买的天然石材可用于构建传统石墙（见第 132 页）或打造岩石花园（见第 62 页）等。

天然石材既笨重又昂贵，还需要一些技巧才能把它运用得当。它通常没有砂浆接缝，依靠石块的重量和铺设的方式来打造一个刚性持久的结构。有些商家专门提供了一种预制的砌墙石块，这为打造一道具有村野风格的墙体提供了一种更简单的方法：这些石块轻盈、规则，仍然是不需要砂浆接缝的。

更多不规则形状的石块和巨石可用来建造岩石花园或打造自然的岩层露头。

混凝土

混凝土由普通水泥、沙子、石块和水混合而成，具有通用性强而又经济实惠的优点，可以作为构建花园结构的基础材料。

对于小项目，只需购买预制袋装的干燥混合物，当中包含了所有成分，并且配比适当，随时可与水混合而使用。一般来说，购买 2.5kg 到 50kg 的预制混合袋装产品比较合适。

对于大项目，你可以分散购买配料，再将它们混合在一起，这种方式更加经济实惠。你可以手动混合，也可以租用电动搅拌机。但是，如要浇筑混凝土车道或大块的庭园铺装，那么最好购买已拌好的混凝土，它会通过运送车直接运送到你家，这时可让出适当的通道，有利于运送车将载物直接卸到预建场地中。这么大量的湿混凝土，在其硬化前，必须要加快混凝土的摊铺和压实速度。

选择材料

铺装材料有多种类型可供选择。无机铺装材料包括砾石、天然石材、鹅卵石、石板、砖块和混凝土等。有机铺装包括草、木材、树皮、橡胶混合物和沥青等。

选择铺装材料时，先决定该空间需要静态效果（例如休憩区）还是动态效果。一些铺装材料以图案铺设，接缝线的方向暗示了路线走向，而一些铺装的纹理则不表达明显的方向感，例如砾石。

小石头

小石头铺装是最灵活的铺装形式，有以下 3 种基本形式：

鹅卵石 这是一种由于自然原因被磨平的圆石头，尺寸从 5mm 到 20mm 不等。

鹅卵石除了是园路很好的铺装材料之外，还是植物的绝佳衬托，但它不适合做坡道铺装，因为它自带向下的倾向。鹅卵石铺设的园路需要坚实的基底，面层约深 50 ~ 75mm。

碎石 碎石一般是将较大的岩石粉碎成薄片或碎块而成。它是多面性的，不像鹅卵石那样在斜坡上有向下移动的趋势。它有不同的尺寸，但一般是从 25mm 到 50mm，而颜色则取决于岩石的来源。

砾石 由黏性强的土壤混合了石子、鹅卵石和石块而组成，最好是在石基底上排列铺设成弧形表面。砾石铺材通常铺设的面层约为 75mm，但要根据交通量的不同来具体决定。在大雨或霜冻过后，砾石可能需要重新排列铺设，值得一提的是，弧形表面有利于雨水的排放。

柏油

柏油的主要成分来源于煤焦油，混合了沙子和碎石。柏油表面可以混入砾石或大理石碎片稍作装饰。彩色的沥青路面很容易受到车辆轮胎的损坏，所以请先咨询专家再作建设打算。

沥青 沥青与柏油有着密切的联系。沥青路面通常是黑色或灰色的，比柏油路面纹理更加紧密，但对于漏出的石油和汽油造成的伤害，其抵御能力较弱。

石块

任何用于铺装的石块都应具有抗冻性和耐用性，因此应在订购前与供应商确认产品是否有这些属性。有数以百计的石块类型，其中最常见的是波特兰石、石灰石、约克石、砂岩、花岗岩和岩浆。

石块的铺设模式

任意矩形 这种模式使用的基本上是尺寸不同的矩形石板，铺设的时候使连续的接缝线不会在任何方向上延伸得太远，否则会削弱外观的随意性。还有，这种模式的铺设往往具有静态的效果。

同一尺寸的规则形状 这种规则模式使用的同一尺寸的方形石板或长方形石板，该模式对铺设区域有拓宽或拉长的效果，能够暗示方向。

随意自然拼铺 该模式由混在砂浆里任意形状的石块组成，常用于不规则式园路或平台。对于平台来说，选择平坦表面的石材很重要。有些片状的石块，容易受到霜雪的破坏，所以要将砂浆接缝填充密实。

再造石

再造石铺装是天然石料和水泥的混合物。它们大多数被制成天然石材的样子，并且形状和尺寸比较多样。还有无数不同的纹理可供选择：例如光滑面的、刷洗面的、斑点面的和露石料面的。对于颜色鲜艳的再造石，应该谨慎使用，因为它们可能与相邻建筑或植物的颜色产生冲突。

非规则矩形铺装 这是由不同宽度而互相平行的行列组成的线性铺装图案，有着强烈的方向感，而且这些单元构体本身有着与连续接缝相同方向的纹理。

八角形铺装 八角形铺装是用于花园的传统铺装形状，它需与小方形铺装相结合形成连续不断的图案。

六角形铺装 有各种颜色和纹理可使用。第82页所示例子的铺装上点缀了斑点。

对角方形铺装 呈对角线铺设的图案能最大限度地减少铺装区域的动感。在第82页的例子中，

有类似瓷砖的方形铺装，以砖或瓦作为稳定的包边，防止了边缘形成的三角形移位。

混合尺寸 在第82页所示的例子中使用了两种尺寸的铺装来形成梅花拼铺的图案，这是在制造过程中通过刷洗铺装单元的表面而产生的"防滑"纹理，这种图案模式往往缺乏动感。

大小相同的铺装 这种铺装可以是正方形或长方形的，并且在任一方向上都有不间断的接缝。如果在制造过程中将表面的水泥刷洗掉，暴露出内部的石料，可创造出美观的表面和安全的行走面。该铺装的图案模式具有强烈的方向性。

鹅卵石

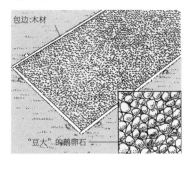

包边：木材

"豆大"的鹅卵石

碎石

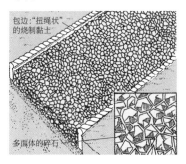

包边："扭绳状"的烧制黏土

多面体的碎石

木板

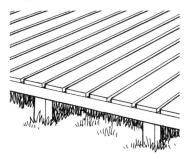

木板与砾石

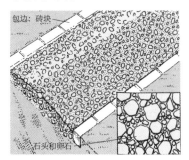

包边：砖块

石头和卵石

柏油

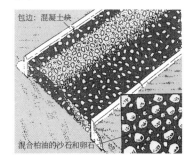

包边：混凝土块

混合柏油的沙石和卵石

铺装

混凝土铺装

作为一种"刚性"材料，混凝土需用坚固的石基底作为支撑。连续的混凝土铺路必须不超过 5m 的间隔就设伸缩缝，如没有这些伸缩缝，混凝土可能会崩裂。伸缩缝是在浇筑混凝土的过程中一并做出的，通过水平放置木条在模具之间，留下 10mm 宽的狭窄开缝。

刷洗和抹平 在混凝土铺设完成前对其进行纹理化操作，能创造出一个防滑表面。园路边缘可以先使用一种特殊的镘刀进行光滑处理，这样可以得到一个整洁的表面，并令稍后的刷痕得到强化，刷痕的深度随刷子的硬度和施加的压力而变化。

刷出纹理 铺设混凝土后不久，通过在抹平的表面上使用软刷，能产生从旋转图案到扇形图案的效果。

砖块铺装

选择的砖块要与附近建筑物的颜色和材质相协调匹配。

顺砖砌合或丁砖砌合 园路的方向性由不间断的接缝线方向来暗示，这些砖块接缝的砌合要么是"丁砖砌合"，能使铺装区域看起来更宽；要么是"顺砖砌合"，具有拉长效果并能创造出强烈的动感。

平直人字形 通常需要铺设边缘以确保使用的半砖不会在使用过程中移位。

不规则变化的矩形

八角形

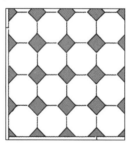

六角形

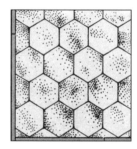

连缝砌法或对缝砌法

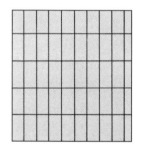

对角方形

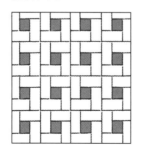

混合尺寸

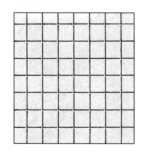

相同尺寸

顺砖砌合或丁砖砌合

斜铺人字形 与平直人字形类似，只是它与主视线位置或园路方向存在一个角度，通常是 45°。它需要修边来稳固靠边的小三角砖。这种模式常用于庭院和弯路的铺设。

连缝砌法或对缝砌法 这种砌法呈现出现代化的外观，砖块的方向可以有所不同。若要强化宽度效果，则把砖块长边沿横向铺设；若要加强拉长效果，长边的铺设应遵循视线延伸的方向。这种砖块以 90°交替铺设，能产生方格效果。

方平组织 这可能是最"静态"的铺路了，它可以平铺，每个单元由两块砖拼合，也可以作为修边，每个单元由三块砖组成。

木材铺装

木材应该预先用防腐剂处理，或选择自然耐候的类型，如橡木或雪松。通过将木材离地设置或放置在自由排水的砾石基底上，可增长其寿命。

木板 硬木构成的木板通常以自然状态展示，其他类型的木材可以进行染色和其他处理。与那些表面平滑的木板相比，行走在有纹理的木板上更安全。

木块 硬木方体可以像传统的石板那样使用。为了增强美观性和安全性，方块可以将有纹理的一面铺在最上面，最好是将方块置于沙子中，还应将沙子刷入小空隙里。以对角线模式铺设的木块，需要加设稳定的边缘来做固定。

圆木 当锯切到 75mm 厚或更厚时，圆木在不规则式的设计情况下能成为很好的"垫脚石"。如果是使用了软木，需要用防腐剂定期对其进行处理，将其铺置在排水良好的沙层上可以延长其使用寿命。

椰子壳碎块和粗糙的树皮 这些都是适合不规则式设计的铺路材料，但必须在适当而稳定的基底上铺装。

其他更多常见的铺装类型包括：

透明树脂与骨料结合 根据形状、颜色和尺寸来选择骨料，与透明的无机树脂相混合，然后平整地铺设。铺好后就是湿砾石的外观，但表面是稳固的，这是游泳池周边常用的铺设。

"游乐安全的"混合材料铺装 这是以橡胶为基础的材料，能吸能减震，适合铺设在游乐设备周围。

方平组织——平铺 方平组织——修边

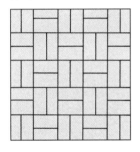

平直人字形 斜铺人字形

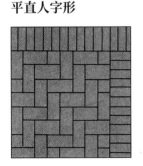
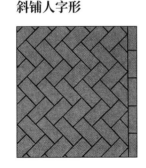

排水

　　植物要存活，土壤中必须含有空气和水。在排水不良的土壤中，植物根部的长度仅限于几厘米，因此它们不能完全固定或吸收稍远些的营养物质。造成排水不畅的原因可能是土壤属于重黏土性质，或是底土硬层阻碍了水的渗透，又或者是地下水位太高。地下水位是地下含水层中水面的高程，通常在离地表面以下约 2m 处。如果地下水位较高，人工排水可将水位降低。

安装排水系统

> **注意**
>
> 　　不要试图仅仅简单地将挖出的土壤回填到沟渠中就了事，否则土壤会进入管道并慢慢形成阻塞物。

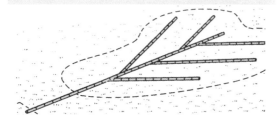

1 首先使用沙子或喷漆以人字形图案标出排水系统轮廓。所需树枝的数量主要由场地的大小来决定。

2 挖沟渠并清除杂物，使用 2m 长的木条和水准仪来检查沟渠。

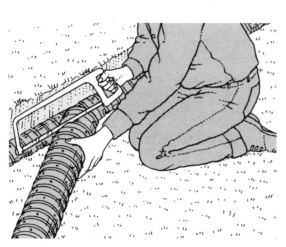

3 首先布置中心管道，然后以一定角度切割塑料支管，使其与主管道大致贴合。

4 用砾石和一层细塑料网覆盖管道，以防止排水系统淤塞。最后，给沟渠回填表土并更换草皮。

排水

深度挖土

为了改善黏土的排水状况，可以将土壤挖掘更深并加入大量的砂砾和有机物质。土壤中自然产生的硬土层，并不远远低于土壤表面，但可以通过深度挖掘来分解。如果土层太硬，用叉子刺不穿，可以使用钢筋来穿透。如果这些措施不起作用或地下水位太高，则应考虑人工排水。

人工排水

建造沟渠是最经济实惠的排水方式。在斜坡地上向下挖 1 ~ 1.2m 的深度，让水能够被运送至斜坡底部的接收沟渠，进入到排水渗漏系统中。沟渠可以设置成敞开型的，只要保证做好每年的清理工作即可，也可以做成覆盖的排水系统，如第 84 页所示。

排水系统

早期的排水系统是由黏土管道一段段组成的，被称为瓦管。现在更常使用多孔波纹塑料管。管道埋设在沟渠中，连接位于最低点的主管道，通向渗漏系统。沟渠应挖 60 ~ 90cm 深，约 30cm 宽。旁侧管道之间的距离取决于土壤类型：在黏土中，它们相距约 4.5m；在壤土中间隔 7.5m；在轻质沙土中距离大约是 12m。

挡土墙

挡土墙后面可能会发生积水情况。如果没有提供排水设施，积水可能会在挡土墙后形成一个小水池。在墙体的第二或第三排砖头或石头处可设置排水孔，沿墙每隔 1.5m 留出一条垂直缝进行排水。如果墙体邻接园路，则在前面设置排水沟，将水引入排水系统。

沟渠

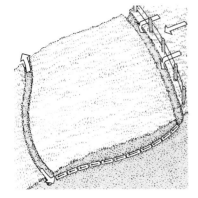

如果是斜坡，可在场地顶部挖沟，在高处截水，并通过其他沟渠将其连接到斜坡底部的排水沟。

碎石

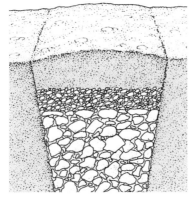

挖 60 ~ 90cm 深的沟槽，铺上土工布膜，并用碎砖或碎石填充至一半，再盖上一层砾石和剩余的土工布膜，将表土更换。

渗水井

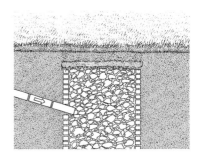

如果没有合适的水道供排水系统运行，那么必须建造渗水井。挖一个约 1.8m 的深坑，铺上土工布膜，用碎石填充，顶部再铺上土工布膜或翻转草皮，并用表土覆盖。

地基类型

地基对于在花园里建造的构筑物很有必要。建好基础才能更好地在地面上支撑起构筑物，并分散平衡受力状况。

条形基础

小型构筑物，如砖砌种植池和石墙需要建在条式基础上。这种基础由沟槽组成，里面填充了一层压实物（其中包括碎石或砖块），再在上面覆盖了混凝土。

基础要建得比墙体宽，这样能使墙体的重量以45°角（"分散角度"）从底部分散。根据经验可知，基础的宽度一般是砌体结构宽度的两倍。混凝土基础的深度取决于墙体的高度和厚度以及土壤的状况，但一般来说是砌体结构宽度的一半。举个例子来说，6层砖高的墙体需要一条深约400mm的沟槽作基础。

砖体基础

如果墙体或其他构筑物不足6层砖高或不足6m长，则不需要建造混凝土基础。用水泥砂浆砌合的砖块组成条式基础，然后横向铺设在压实的底土层上，上面覆盖一薄层沙子，就足够了。

台阶基础

靠坡而建的台阶（见第120页）需要在每段的底部，即第一个步级之下，浇筑混凝土基础，以防止结构向下移动。踏面应设置在压实的垫层上，然后依次在前一个踏面背后建造步级。

对于独立式的台阶（见第114页），可以使用混凝土打造的条形基础来支撑整个结构的外部，而内部则填充压实的碎石子。

板式基础

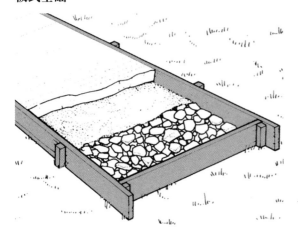

板式基础包括一层碎石层，用来稳固土壤基层，还有一层致密的沙子，用来填充碎石层的空隙，然后给固定好的木模板浇筑混凝土，使混凝土与木模板顶部平齐。

条形基础

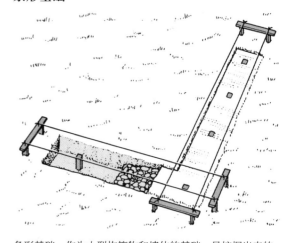

条形基础，作为小型构筑物和墙体的基础，是挖掘出来的一条沟槽，填充了一层压实的碎石层，上面铺着一层致密的沙子，并浇筑了混凝土。

土壤条件

为了能为构筑物提供足够的基础支撑，混凝土必须建设在结实的底土上。底土位于较软的表土之下，其深度因区域而异，但一般是 100~300mm。这意味着，在开始挖掘 75~150mm 的足够深度的混凝土之前，必须先挖掘至底土。

底土类型在承载能力上的体现也有所不同：例如，白垩土能够承载比黏土更多的重量，但沙质土则只能支撑更少的重量。一般来说，底土越薄，需要的地基底板越宽。

气候对地基设置的深度有着重要影响。由于长时间的干旱或雨水的持续作用，土壤的收缩和膨胀会导致较剧烈的地表移动，从而破坏了混凝土基础。

铺装基础

铺路石板、铺路砖和其他铺路材料需铺设在结实、平整、稳定的表面上。在许多情况下，被压实的底土足以进行铺路，但在土壤松软的地方，需要增加一层压实的碎石块层来防止道路下沉。

板式（筏式）基础

小型轻量级的花园工具房可以建设在板式基础上，较大的建筑例如车库或凉亭，则要建在更坚固的地基上。

板式基础也适用于车道或园路铺设，在这些地方的地面上并没有其他构筑物，顶层的混凝土形成了车道或园路的表面，或者说是为另一种铺路材料建好了合适的基底。

建造板式基础，先是在场地中建立木框架或木模具，并将其打桩入地（见第90页），将湿混凝土浇筑到准备好的框架里，通过压实使其与模具顶部平齐，在混凝土硬化后将模具移除。

土壤类型

土壤有三种基本类型，根据含砂量和黏粒量进行区分。

黏土

这种土壤类型通常为植物提供丰富的营养，因为黏土颗粒具有保留营养元素直至它们释放到植物根部的能力。

黏土在潮湿时会很黏稠，干燥时会变硬，水分不足时会开裂，因此它们难以种植植物。黏土排水缓慢，容易受涝，并且在春季升温慢。

粉质土

粉质土是典型的冲积物，土壤深厚肥沃，具有良好的保水能力。

粉质土容易堆积，会变得紧密不透气。水分含量对它影响较大，潮湿时黏稠变冷，干燥时容易积尘。

沙质土

沙质土排水良好，在春季升温较快。

这种土壤类型缺乏营养物质，因为营养物质容易被水冲刷掉。

条形基础

条形基础常设置在沟槽中，一般被用作花园墙体和小型构筑物的基础。

设置型材板

设置条形基础首先要在地面上标出沟槽的位置，可借用型材板，作为参考物，以确定地面上沟槽的位置。

将两对 600mm 长的软木桩钉入拟建基础两端的地面，并在木桩顶部钉上横木。然后再拿出钉子，分别钉在横木两端，只需要将钉子的一部分钉入，凸出的部分用于捆绑绳子，这时两钉子之间的距离对应的是沟槽的宽度。

接下来，通过沿绳洒沙，将绳子的位置对应转移到地面。

拆下绳子，但把型材板留下来作为后续砌砖操作的参考物体。

挖掘沟槽

首先移除表土，留给花园的其他地方重新利用。然后开始挖掘沟槽，挖至合适的深度。在此过程中需要小心地撬出大石头，同样地，将它们留给园中其他地方使用。

保持沟槽底部深度始终均匀一致，侧壁处于垂直状态。如果土壤容易松散，则需要使用胶合板进行加固，直到浇筑混凝土为止。

将底部面积为 25mm² 的木桩打入沟槽基部，使它们凸出一部分，大概是所需填充的混凝土和碎石层的深度。

选择混凝土

选择混凝土至关重要的一点是要将混凝土的成分——沙子、水泥和骨料，按正确的比例混合，以便为作业时提供最适合的混凝土强度。

建造条式基础

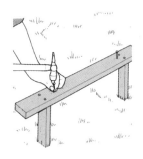

1 在拟建沟槽位置的两端固定型材板，钉上钉子来标记沟槽的宽度。

2 在标记宽度的钉子上捆绑绳子，用于连接沟槽两端的型材板。

3 沿绳洒沙，将宽度标记转移到地面。拆下绳子，但将型材板保留在原位。

4 挖掘沟槽至需要的深度，确保底部平整和侧面处于垂直状态。

条形基础

混凝土的厚度不同，作用也不尽相同。一般性用途需要 75～100mm 厚度的混凝土作面板。小于 75mm 厚度的混凝土用于负荷不大的地方，如普通园路。更小厚度的混凝土则是作为墙体基础的填充物。

浇筑混凝土

在加入混凝土之前，用水浸泡沟槽并让水排出，这可以防止土壤过快地从混凝土中吸取太多水分而导致混凝土开裂。然后把混凝土铲进沟槽里，用铁铲切入混凝土以消除气泡。

通过使用一段平整结实的木板在混凝土表面来回运动，从而达到夯实混凝土的目的，并使混凝土与打入基部的木桩保持齐平。可以在木板顶部放置水准仪来检测混凝土是否处于水平状态，木桩则留在混凝土中不用拔出。

静置混凝土，让其硬化。如果混凝土干得太快，很容易造成开裂。在炎热的天气里，要用湿的旧麻袋覆盖在混凝土上；在严寒的天气里，则暂时不要进行铺设混凝土的操作。在混凝土刚铺完的 48 小时内，不要在其表面上行走，而固定混凝土的模具需要留置一周。

阶梯式基础

在坡地或不平坦的地面，需要建立阶梯式基础。需要测量坡地的垂直高度，以确定这个基础应包含多少个台阶。浇筑混凝土时，从低级的台阶开始，以打入基部的木桩作为所需混凝土深度的参考系。

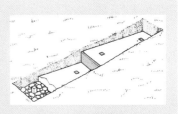

在第二个（和后续）台阶的前面固定一段木板，与上一台阶浇筑的混凝土保持着一致的水平高度。

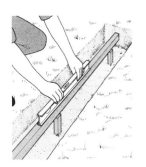

5 向地基基部打入木桩，木桩高度即为所要浇筑的混凝土深度。检测木桩是否水平。

6 浸泡沟槽，然后在地面较软的地方加入硬质物并夯实。

7 倒入混凝土，将铲子多次切入混凝土中，这能帮助消除气泡。

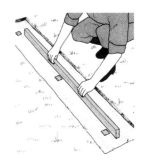

8 用一根直木条将混凝土平整夯实，并使混凝土与打入的木桩齐平。

板式基础

板式基础或筏式基础用于支撑大型的花园建筑，也用于园路和车道中。

准备工作

将制成板式基础的湿混凝土装入木模板中，直到硬化才把木模板取出。先是在拟建地基四周的木桩之间捆绑绳子，然后挖掘表土，直至挖到坚实的底土，再使用滚筒工具压实或用你所穿的靴子踩踏。

加入硬质物

你可能需要往基底加入硬质物，以得到一个相当坚实的表面。硬质物的深度取决于土壤的软硬程度以及混凝土板的厚度。在硬质物上撒一层沙子来填补缝隙，并且要尽可能将沙子耙平。

倒入混凝土

使用耙子将混凝土铺满整个表面，先让混凝土稍

设置板式基础

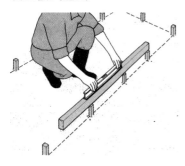

1 将木桩打入拟建地基的四周，保持一致的水平高度。

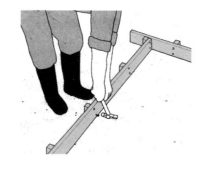

2 钉紧木桩与木模板，在拐角处，板端与板面对接。

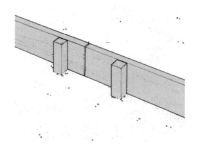

3 在长侧边的木模板，板端与板端对接。

4 往基底加入硬质物，使用滚筒进行充分的压实。

5 将混凝土从搅拌机或手推车上直接倒入地基上。

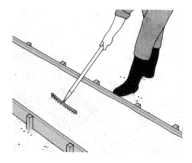

6 使混凝土稍微凸出木模板并耙平。

板式基础

微凸出木模板，再将铁铲多次切入混凝土中，帮助消除混凝土中的气泡，再把混凝土抹平压实。

覆盖大片的聚乙烯薄膜，边缘用砖块压住。如果受到寒冷天气的威胁，要在薄膜上铺一层沙子来防冻。

制造纹理与静置硬化

用于夯实混凝土的长木条能给混凝土制造粗糙纹，用抹刀做圆周运动可产生更细腻的纹理。或者，在表面上划出类似扫帚毛的纹理，就可形成一个起皱防滑的表面。静置混凝土，等待硬化，在板式基础上

增补加固

在建设车道的地方，混凝土板需要加倍设置，还要考虑增补加固，可采用镀锌钢筋网，这是由直径6mm的线材制成网眼为100mm×100mm的钢筋网。在浇筑混凝土前，可先把钢筋网放在硬质碎石层上。

制作角尺

使用角尺检查木模板的角度。你可以使用三根长度比例为3：4：5的直木条来拼成一个直角三角形，比较方便使用的长度尺寸是 600mm、800mm 和 1000mm。使用角尺检查放线过程中的角落，在模板上钉上之前也用于检查板与板之间的夹角。

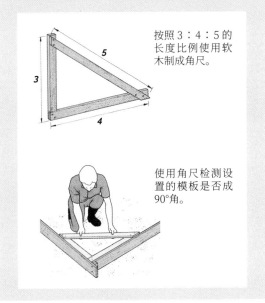

按照3：4：5的长度比例使用软木制成角尺。

使用角尺检测设置的模板是否成90°角。

压实混凝土

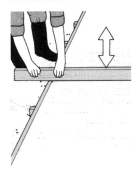

1 用一根厚木条在混凝土上下来回切入切出，消除气泡。

2 用压实木条在混凝土上进行左右拉锯般的操作，使其平整。

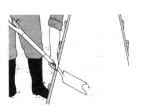

3 用新拌的混凝土填充空隙，然后重新平整。侧敲木模板，使其固定。

4 用大片的聚乙烯薄膜覆盖，并静待4天让其硬化。

休息平台

休息平台应建在获得阳光最多的位置，尽管在非常炎热的日子里，它应设置在靠近阴凉处的地方。或者，也可以在休息平台的部分地方建造棚架或遮阳篷。

规划休息平台

在开始建设休息平台前，请考虑以下几点情况。

休息平台的大小 粗略估计一个休息平台的大小规模，大概要有足够的空间容纳可供四人使用的花园家具，加上有通道可通往花园。一般来说，最小的实际尺寸约为 3.7m²。

排水 休息平台阻止了雨水像往常一样渗入地下，所以你应该考虑多余的水该去往何处。整个休息平台需略微倾斜，大概 1.8m 的长度倾斜 25mm 的高度，一般朝向花园或花坛处向下倾斜，切忌朝向房屋墙体下倾，否则会产生积水问题。如果平台实在是面向房屋自然倾斜，则必须在平台的尽头设置排水通道，将雨水转移到合适的排水点。

现有的排水沟 所建的休息平台可能覆盖着现有的排水沟和检查井。你要么给检查井围砌墙体，将检修孔的盖子设置在新的高度；要么在现有检修孔的盖子的所在位置铺设松动的铺装，以免出现堵塞情况。

铺装材料 休息平台可以使用与园路相同的材料铺设，包括砖块、石板、混凝土和木材。

标出地基

使用绳子和木桩标记出休息平台的周长。大多数

为休息平台标记地基

1 在休息平台周边的木桩之间捆绑绳子（最好是彩色尼龙绳），在表示拐角点的位置打入稍多的木桩进行强化。

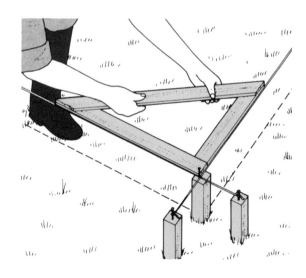

2 使用角尺检查拐角处（见第93页），保证绳子设置处于直角状态，不然，根据需要调整木桩和绳子。

休息平台

休息平台靠近房屋，因此不能在高于房屋防潮层的水平高度进行建设。

设置基准木桩

一个木桩是底面为 25 mm²，另一端为尖头的软木。打入首个木桩作为基准桩，其顶部即为休息平台的水平高度，必须至少比房屋的防潮层低 150mm。

在木桩的顶部钉下一个钉子，这样就可以将绳子绑在钉子上。将第二个基准桩设置在拟建休息平台的另一端，并且将一根顶部放置了水准仪的长直木条跨在两个基准桩上，使第二个基准桩与第一个基准桩处于相同的水平高度。对于较大的休息平台，可能需要在头尾两个基准桩的中间也打入木桩，并在这些木桩的顶部都钉入一颗钉子。

捆绑绳子

将绳子绑在基准桩的钉子上，一般是使用那种经久耐用并且容易看清楚的彩色尼龙线，并使用角尺检查拐角位的绳子是否成 90°角。

固定中间的木桩

以大约 1.5m 的间隔在休息平台的四周打入更多的木桩，将顶部放有水准仪的木条跨在首个基准桩和邻近的一个木桩上，并使后者的水平高度与前者相同。以此类推，用同样的方式使其他木桩都处于同一水平高度。

3 使用顶部放有水准仪的木条跨在首个基准桩和第二个木桩上，根据需要将木桩向下敲或向上拔，使它们水平高度一致。

4 在休息平台的整个面上每隔1.5m打入中间的木桩，并使它们处于同一水平高度。

休息平台

挖掘基底

用铁铲和锄头挖出表土，然后加入 75 ~ 100mm 厚的硬质物，并使用滚筒工具压实。最好是租用电动夯实机，这种工具的下面有一块振动板，可将硬质物彻底压实。再加入一层 50mm 厚的沙子垫层，同样进行振动压实操作，需要注意的是不要移动固定在表面上的基准桩。基准桩现在应该是凸出沙层一部分，这就是休息平台的铺装厚度。

设置木模板和边界约束

如果要浇筑混凝土，先将木模板固定在周边木桩的内表面，使木板顶部与木桩顶部对齐。

如果休息平台邻接房屋的墙体，可以使用墙体作为限制铺装的边线，但仍然需要其他边线限制，这有

各种材料可供选择，例如混凝土、砖块、木材等。

铺沙

大多数平台铺装材料可以在 75mm 厚的沙层上铺设。有些铺装需要抹上新拌的砂浆铺设，而有些铺装只需简单地压紧沙子而不需使用砂浆铺设，但作为边界约束的块体需要保持坚实稳固性，避免铺装太容易松散。

要在大面积的一块地上铺上一层沙子并要达到所需的水平高度，不是一件容易的事情，所以通常设置框架，把沙子装进框架里，利用框架将沙子分段铺设。这个框架由一段段 1.8m 长，底面尺寸为 50mm×25mm 的木板所构成。

将一木板以窄边置地，沿着休息平台的边缘摆放，

5 使用铁铲和锄头挖掘，直到挖到坚实的底土为止。移除表土到花园的其他地方重新使用，注意不要使基准桩移位。

6 填充硬质物，使用滚筒工具或租用电动夯实机将硬质物压实，再加入一层沙子垫层并压实。

再设置另一木板，与前者相隔 1.2m 并互相平行。把顶部放有水准仪的木条跨在先前设置的两块木板上，确保它们水平高度一致，然后将沙子倒入形成的框架中，并把沙子耙平。

用一段直木条捋平沙子后，再放入更多的沙子来填补空洞，然后再次捋平。当你在第一个框架铺开了沙子后，就可以小心地移除设置的第一块外部木板，并将其放置在距离第二块木板 1.2m 的地方并使两者平行，这就形成了第二个框架。撤走的那块木板所留下来的空隙，要用沙子填充，并用镘刀和一段短木捋平沙子。

将沙子倒入第二个框架中并捋平，然后重复上述步骤，直至整个平台区域铺好沙层。

设置坡度

休息平台表面应略微倾斜，以便雨水排走。一块平坦的场地，其中一侧应该比另一侧低 25mm。

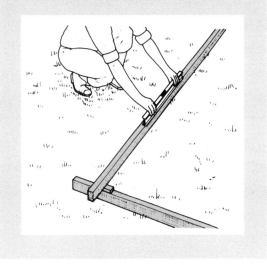

7 在平台四周设置约束边界，例如预制混凝土板。使用水准仪检测其是否处于水平状态。

8 在基底上添加沙层，在沙层上可以直接铺设砖块或石板等铺装。如若平台面积较大，则将场地划分为好几个框架进行操作，以便铺沙平整。

铺设园路

规划园路

无论是选择哪种铺装材料，规划园路的首要步骤是规划一套贯穿整个花园的路线系统。

直线形或直角形的园路一般容易将花园划分成规则式的部分，而通过曲线的融合，能创造出更自然的效果。

画出适当比例的平面草图和侧立面图，这样可以帮助你规划园路的走向以及解决可能遇到的难题。另外有一点需要知道的是，从纸面上方看平面图上的曲径是具有误导性的：实际上的曲线会有透视缩短的效果。为了能了解清楚园路的实际形状，你的眼睛可以尽可能接近纸张水平高度，然后视线沿着绘制的曲线方向来查看。

选择园路的铺装材料

选择的铺路材料一般取决于其外观和耐久性，基本上是选择浇筑混凝土、预制混凝土铺路板、砖块、模制铺路砖、砾石和沥青等。天然石材，例如约克石铺装，铺设起来很好看，但相对较为昂贵。

混凝土 这种铺路材料比较朴素呆板和以功能性为主，适合荷载较重的道路或者外观不那么重要的地方。但是，它也可以通过外露骨料的表面来强化装饰感。一旦混凝土浇筑并平整后，可以把装饰性的骨料（如彩色碎石料）铺展在表面，并用木板夯实。

铺路板 主要特点是经久耐用，并且有各种颜色、形状和纹理。方形和矩形铺路板是最常用的，边长为450mm 是常见的方形铺路板尺寸，较大些的铺路板边长会增加 150mm，而厚度通常约为 50mm 较为适合。铺路板的纹理多样：可能是带有裂石纹理的表面，或是露骨料的表面，又或者是模拟砖块、瓷砖或鹅卵石的表面。

砖块 砖块很适合作为铺路材料，可以铺设成装饰性图案或只是简单排列。在选择砖块的纹理之前，要记住先考虑其舒适性（适合于散步）和透水性。

混凝土块 与砖块的尺寸大致相同，有时塑造成具有装饰性的形状，在沙层上互相咬合铺设。它们往往模拟砖块的纹理，以类似旧砖的形式呈现。

砾石 可以用于铺设园路，前提是做好边界铺设工作——例如，铺设路沿石以防止砾石扩散到邻近的路面。而且，砾石需要铺在混凝土基础上，避免路面出现下沉情况。

冷拌沥青 以预先包装好的袋装方式出售，便于直接倒在制备好的地基上。尽管它本是用作翻修路面的材料，但也能是作为铺设新路面的材料。将沥青铺在硬质地基上，然后耙平，再平整压实，还可以在表面上掺入碎石屑。

木质材料 铺设木质园路适合自然的地方，这也是回收利用倒下树木的好方法。往地面下挖 200mm，然后将 50mm 厚的砾石和沙子混合物铺平并压实。从树干或较粗壮的树枝上锯下 150mm 厚的一段木头，轻轻地把表面上的锋利边缘磨平，然后将其放置在基底之上，并使其纹理朝上。将木头牢牢地固定在砾石和沙子之中，然后在木头之间倒入更多的石沙混合物，将空隙填充。

曲线放样

花园中蜿蜒的园路似乎暗示着下一个转弯处会有隐藏的景色等待被发现，能引导着行人去探索。

如果园路曲线不柔和，转弯太突然，会很不利于园林机械在路上运行。曲路所需的路线可能很难设定，所以要事先在方格纸上规划好尺寸比例和路线走向，这有利于估算所需的材料，以及帮助你将曲路的形状准确地转移到现场。

放线

沿园路的长边放线，根据图纸的尺寸以木桩定点，一步步将绘制的形状转移到实际场地。

如因挖路需要，移除了标记桩和线，那么挖完后请将它们放回原处，这能够为浇筑混凝土时协助围砌模板，以及起到支撑作用。

曲形的木材模板

对于弯曲的混凝土园路，你需要构建顺应园路形状的木材模板。

大约 25mm 厚的软木板是最合适的，但稍薄的木板，配合使用更多的木桩，同样可以达到理想的效果。以约 125mm 的间隔在木模板上进行多次锯切（锯切厚度为木材厚度的一半），以便能够根据需要将木模板弯曲成想要的园路形状。为了足够支撑木模板，需要在木模板的外表面钉上比直线园路所需的更多木桩。

对于渐变的曲线，锯痕应位于木模板的外侧，但对于曲度变化大的情况，如果锯痕在内侧，木模板则不会容易折断。

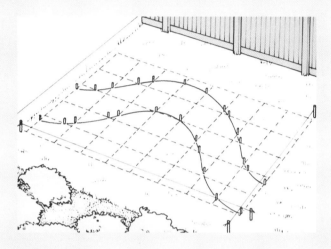

放线营造曲线

测量定位与设计规划相对应的点，并在对应的位置往地下打入木桩，然后在木桩与木桩之间连线，以此标记曲线路径。

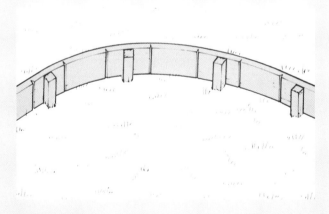

使用模板营造曲线

可以每隔一定的距离对木模板进行锯切，然后将木模板弯曲并固定好木桩。在模板内浇筑混凝土，待其硬化后可将木板撤走。

铺设园路

准备基底

大多数承载人和手推车等正常负荷的园路，可以简单地铺设在泥土本身形成的坚固平整的基础上。

如果园路与草坪相连，铺装可以在比周围水平高度低约 20mm 以下的位置铺设，这样割草的时候就不容易对割草机叶片造成损害。

使用粗壮的木条将暴露的底土夯实，或者使用滚筒将其彻底压实。对于一条很长的园路来说，最好是

设置地基

1 在比要铺设的园路约宽 50mm 的位置处放线，然后将放线范围内的表土挖掉。保留草皮，移到别处继续使用。

2 使用粗壮的木条、大锤或滚筒来压实基底。如果是使用木条进行压实，请戴上厚手套来保护双手。

3 在基底上添加硬质物，然后用大锤或滚筒压实至 75mm 厚。

4 铺上一层约 50mm 的沙子来覆盖表面并将其耙平，填补硬质物之间的缝隙。

将其分开一段段来进行操作。使用架在长木板上的水准仪来检测基底是否水平。如果园路跟随着地面起伏，需要检查地基是否与地面水平高度呈现一致的起伏。

使用木垫片设置坡度，在园路的一侧安排排水沟。将沙子倒入基底，并使用一块与园路宽度相同的直木板将沙子抹平至 50～75mm 厚。

边缘限制

在相对狭窄的园路上，没有太大的必要设置边缘限制来防止表面铺装材料的扩散移动，但是如果要浇筑混凝土板，那么则必须按照第 90～91 页所述的内容来安放木模板。如果想要给园路铺设某种外观好看的装饰性边缘，可以到园艺商店购买，例如维多利亚式扭绳设计的边缘。这款边缘简单易操作，可不用砂浆就能铺置在铺装两侧的细沟槽里。

如果园路邻接草坪，可以直接为园路设置草坪边缘。

添加硬质物

在需要承受繁忙交通载荷或土壤松软的地方，应该铺设一层紧实的硬质物稳固基底。将一层约 75mm 厚的硬质物倒入，然后用滚筒工具来进行压实操作，再在上面加入一层厚约 25mm 或 50mm 的沙子，并将其耙平。

这时候地基就准备妥当了，可以开始进行铺设选中的铺装材料，不管是混凝土、木板、砖块或天然石头。

铺设园路

为混凝土园路设伸缩缝

温度的变化会导致混凝土膨胀和收缩，除非施加控制措施，否则浇筑的混凝土园路将在脆弱的地方开裂。将园路划分为一条条长约 1.8m 的沟槽，在外模板之间插入一段约 12mm 厚的防腐软木作为永久性

伸缩缝。为了能使伸缩缝有效发挥作用，即使园路是蜿蜒的，这些缝也必须与园路边缘成 90°的关系。用少量新拌的混凝土支撑着伸缩缝，使其顶部边缘与模板顶部齐平。如前所述倒入混凝土，然后小心翼翼地从伸缩缝两侧进行夯实，避免其散开。

铺设混凝土园路

在铺设园路的位置挖掘深约 10～15cm 的沟槽（a）。添加硬质物并压实（b）。沿侧边钉下挡板（c）。

使用直木板和水准仪检测高度和水平性。在挡板之间将混凝土摊开，然后耙平并压实，使其与挡板边缘齐平（d）。

  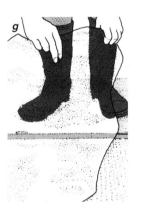 

当表面水分消失时，使用抹子抹混凝土（e）。而当表面仍然有水分时，使用硬扫帚在上面制造粗糙的纹理（f）。

用聚乙烯薄膜覆盖混凝土表面，静放 5～10 天让其硬化（g）。铺设两周后，取出模板（h），该园路就可以使用了。

松铺的园路

铺路板可以在行人少的地方直接铺设在沙层上，并不需要砂浆。沙层应厚约 50mm。每 20m² 的园路需要购买 0.5m³ 的沙子。

铺设铺路板

将第一块铺路板铺设在沙层上的适当位置，轻轻晃动铺路板，使其贴服于沙层上。检查水平性：如果铺路板铺设不平，请用锤子的手柄将其轻轻敲实。如果铺路板铺得过低，则往其底下抹过来一些沙子，然后重新铺设并敲平。

将第二块铺路板放在第一块铺路板的旁边，将它们的边缘对齐，然后用锤子轻轻敲击第二块铺路板，使其牢固地置于沙层上。

将铺路板之间的边缘彼此对接，而对于比较宽的接缝，在当中嵌入填充物。避免出现宽度大于 12mm 的接缝。

处理接缝

按 1：3 的比例混合沙子和干水泥，然后刷入铺路板之间的缝隙中。完成后，接缝可以保持原样不动，也可以用洒水壶在表面上洒水。

切割铺路板

有时候你可能要对铺路板进行切割，以适合角落或园路尽端的位置。如不需要太精确的切割，你可以简单地使用锤子和凿子将铺路板切割。

先测量所需嵌合的铺路板大小。使用凿子对一整块铺路板进行划线，然后将一块木板垫在铺路板下，再用锤子沿着铺路板上的划线进行敲击。

松铺的铺路板

1 将第一块铺路板铺设在沙层上，与基准桩的顶部齐平，用水准仪进行检测。

2 使用锤子的手柄将铺路板敲平：根据需要调整铺路板下的沙子。

3 使用沙子混合水泥来填充缝隙，用洒水壶对其进行洒水湿润。

碎拼的园路

碎拼的铺路由一些破碎的铺路板铺设成复杂的装饰图案组成。

园路最外面的位置由一系列较大的铺路板铺设组成，它们至少有一条直边。具有不规则边缘而又差不多大小的铺路板靠路中心排布，而更小的不规则板块则用于填补其间的空隙。

铺设周边的板块

首先在所需的水平高度上放线。沿着园路的边缘铺设至少具有一条直边的碎拼铺装，使直边对齐放线位置。混合一些砂浆，然后将第一块铺路板抹上砂浆，铺在沙层上。轻压铺路板，使其铺置更加牢固，然后再铺设邻近的板块，并使用水准仪检测水平性。

铺设中心的板块

沿园路中间干铺一些较大块的铺路板，然后依次将它们提起，一次提一块，根据需要移走或添加沙子使整体处于平整状态，然后往基底抹上四到五处砂浆，重新铺设铺路板。

使用水准仪检查位于中心的铺路板是否与周边的板块处于同一水平状态。将一段粗壮的木条横放在园路上，然后用锤子对木条进行敲击，可将底下的铺路板敲至水平一致。否则很难使板块与板块之间保持平整。

填补小板块

用小块碎片填充空隙，每块小碎片的背部很容易就粘上砂浆，利用抹灰刀的刀片往碎片抹一下就行了。

接缝处理

碎拼铺路板之间的接缝要用相当湿润的砂浆混合物来填充，一旦硬化后可保证铺路板铺设得较牢固。

碎拼铺设

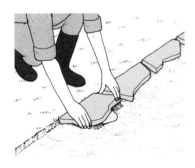

1 沿路边铺设选定的直边铺路板。

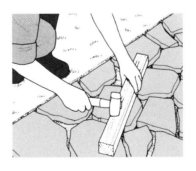

2 往中心铺设较大的铺路板，空隙填补较小的板块，然后使用锤子和一段粗木对铺路板进行平整。

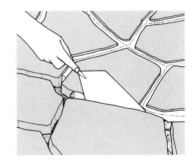

3 将碎拼铺装之间的接缝处抹上砂浆，微微倾斜处理以便排水。

混合材料

为了给一个平淡的庭院增添些趣味性，可以将其划分成不同的铺装区域，例如鹅卵石铺地、砖块铺地或木板铺地等，或者也可以建立种植区。

构造图案

颜色混合 通过混合不同颜色的铺装，你可以构造自由随意或规则式的图案。例如，如要突出整个庭院的对角线，可以通过在整体绿色或浅黄色的铺装里，将红色铺装铺设在对角线位置作为鲜明的对比。

形状混合 六边形铺路板可以形成很多有趣的拼铺，你也可以将它与不同颜色的普通方形或矩形铺路板混合使用。

使用砖块和木板

砖铺 在以石板铺装为主的庭院里引入砖铺区域，能够丰富纹理特征和色彩。在方形石板的周围也可以铺设砖块作为镶边，还能形成不同的图案。

木板 使用粗锯防腐木与石板、砖块进行混合铺设。将铁轨枕木大小的木板嵌在地表，可以打破一直是石板铺路的呆板，同时还能形成浅浅的种植池，为植物生长提供小空间。

为庭院铺设的骨料

为了给庭院里创造特色，可以挪走铺装区域的一部分铺路板，用装饰性骨料来填补。骨料有许多种类型和颜色，通常它们是以预制袋装出售的。

鹅卵石 鹅卵石通常约为 50~75mm 的大小，可以在特色区域中松散铺设，只需将其铺在砂浆层上，然后用粗木条和锤子将其尽可能压平。

碎砾石 碎砾石约为 6mm 大小，颜色各异——通常以各种颜色混合装袋，可以散布在种植区来减少土壤水分的蒸发，也可以用来铺设已移除铺路板的区域。碎砾石能够填补庭院中任何形状的缝隙，还能够铺置在植物下而不会对其造成伤害。

铺设铺路板

1 在第一块铺路板铺设的位置抹上砂浆；抹上五道砂浆，四个角落各一道，中间抹一道。

2 将第一块铺路板铺设在砂浆上，先铺好一边，再进行平整。使用锤子的手柄来进行压实平整操作。

3 铺设余下的铺路板，将边缘搭在一起或彼此之间留一点间隙。使用水准仪检测是否水平。

4 按 1:3 的比例混合水泥和沙子，抹在接缝处，然后用莲蓬式喷嘴的洒水壶对铺装区进行洒水湿润。

◀ 由高强度混凝土制成的复古红砖风格的铺装，具有抗冻、耐磨、抗裂的特点。

用于花园台阶的材料应与周围的环境相融合。经人工打磨后的石材，其耐用性令它成了建台阶的理想材料。 ▶

▼ 木踏板常用于传统形式的花园小径。如果是使用软木，它们将需要定期喷涂防腐剂作保护。

▲ 为了使墙体或被抬升的种植池在花园中不会显得太突兀，选择合适的材料很重要。人造仿石不仅看起来很真实，而且比较容易构建。

▼ 虽然预制栅栏经济实惠和建设便捷，但它的力量支撑主要看它在立柱之间以怎样的方式排列。

◀ 栅栏比墙体少了一些实体感，但它同样对空间进行了界定，只是不一定将其封闭围合。不规则式的栅栏可由天然柔韧的木材做成，例如柳木或裂开的榛木。

混合材料

主要以大块铺路板铺成的庭院地面，可由砖块或混凝土块等小单元砌块组成的铺装代替（见第78~83页），这样就可以自由选择拼合方式来创造装饰性图案：方平组织法、人字形铺设法或简单的顺砌法。要是在大区域内想要少许铺装变化来创造视觉效果，可以考虑利用不同的铺装材料来打造特色铺面。

在庭院铺面添加鹅卵石作为填充物

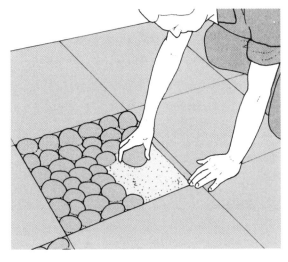

1 在石板混合鹅卵石的特色铺装区里，鹅卵石可以铺置在摊开的砂浆上，每块鹅卵石嵌入一半在砂浆里，还可以进行不同颜色的混合搭配。

2 把一段直木条压在鹅卵石的顶部（跨至周围的铺路板上），将鹅卵石均匀压至统一水平高度。

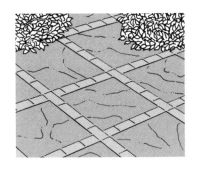

以砖块镶边的方形裂纹石板铺设庭院。

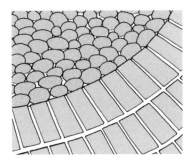

用鹅卵石和砖块创造圆形图案。例如，环绕树木的铺装。

在铺装区域创造可种植植物的砾石装饰区，可以避免外观过于平淡。

灵活性铺装

混凝土砌块是一种灵活性铺装，因为它们可在沙层上干铺而不用砂浆，可以为露台、园路和车道铺设具有图案和纹理的硬质表面。

铺装样式

灵活性铺装大致与砖块的尺寸相当，但它们通常约60mm厚。这种铺装有众多的颜色和纹理可供选择，尽量选择一种与房屋呼应的颜色。在选择纹理之前，请先考虑铺设区域的功能。如果你想在地面上放置桌椅，那么非平整规则的铺装则不是理想的选择。无论选择的铺装是光滑的还是有纹理的，在购买前可将铺装打湿，检验其在雨天的颜色变化以及测试其防滑性能。

除了使用统一的铺路板之外，还可以利用它们排列成不同的形状，相邻的块体之间交错铺设，形成装饰性铺面。其中一种较受欢迎的类型是波浪边的"鱼尾"砌块，通常用于拼花铺装设计中，展现着犹如水中涟漪的效果。一些矩形铺路板的面上印有图案，可拼铺成更有趣味性的区域。有些形式则是模拟马赛克的效果拼铺，或是两个、四个或八个较小的正方形，有规律地排列组合。

铺设灵活性铺装

1 根据铺路板的最终水平高度来检查沟渠、下水道和其他障碍物的位置。

2 按照选择的拼接模式（这里是拼花设计），从搁在边缘的板块开始，将铺路板铺在沙层上。

准备基底

混凝土块可铺设在准备好的硬质物层之上（见第98页），该层厚约75～100mm，再在上面铺设约50mm厚的沙子。如第95页所述，将沙子摊铺开来。

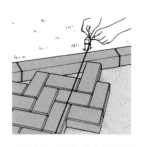

3 放线可作为对称铺设铺路板的指引，特别是在创造对角线效果时更需要放线操作。

4 将砌块切割成适合填补余下空间的块体，使用凿子标记切割线再进行切割操作。

5 使用租赁的配有底板（或使用地毯作垫）的电动压实机，将铺路板向沙层压实。

6 将沙子刷进砌块之间的接缝，并使用夯实机再次压实表面，以形成坚固平坦的平台。

处理障碍物

如果休息平台设在房屋墙体附近，则常会碰到一些需要处理的障碍，例如沟渠和雨水管，这些都不能完全覆盖。休息平台的区域可能会有检修孔，但你不能将其永久封锁。你可以使检修孔的盖子稍微设置得更高一点，使其适应新的地面；或者你可以在检修孔上松散地铺设板块，万一检修孔遇到堵塞或溢水的情况便于撤走而进行问题检查。

铺设板块

将第一块铺装抵靠着休息平台一角的边缘，按照选择的模式进行铺设。先只铺设整块的铺装，将需要切割的块体留在最后铺设。

为了保证铺装板块在沙层上铺设充分牢实，可以在表面上放置一段粗壮的木条，然后用锤子对木条用力地敲击，再使用架在平木上的水准仪进行检测，使铺装表面得以平整。使用水准仪，在它的下面垫一块小木片，使平台能微微倾向一侧，便于排水。

设置参考线

在休息平台的基准桩之间拉线，与需要铺设的铺装处于平行状态。沿对角线铺设铺装时，这种检查铺装对齐的方法尤其重要。

切割铺路板块

大多数铺设模式需要切割特别的铺装板块来填补边缘。可以手动切割或租用液压石材分离机来操作。

铺装图案

人字形图案
人字形图案是由一系列铺装以端贴边的方式铺设的曲折形态，可以呈直角铺设或呈对角铺设。

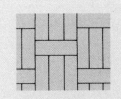

藤条编织图案
藤条编织图案由三块并排排列的铺装和一块横向排列的铺装共同交错铺设组成。

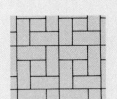

方形设计
方形设计是铺装单元按方形模式铺设，中间使用切割的铺装板块填充。

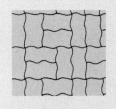

鱼尾形铺装
铺设在拼花设计中的鱼尾形铺装因其铺设起来呈现波纹状的边缘，所以看起来有种在水中的错觉。

压实铺面

最好是租用一台电动夯实机来进行压实操作，选择那种配备橡胶底或底板的机器为佳，这可避免对铺面造成损坏。铺装板块上铺一层沙子来填补缝隙，然后使用夯实机进行压实操作，在整个铺面上运行机器，振动底板会将板块更好地压实于沙层中，也使接缝处的沙子更加紧致，从而令整个铺装区变得更加稳实。

木平台

被抬升设置的木平台可为你提供休闲的室外空间。打造木平台只需少量专业的木工技术，在其最底部简单铺就木板条，以桩柱支撑起来，结合建造台阶、扶手，甚至是遮阳篷或棚架，木平台变成了常见的外廊。你可以根据自己的要求来调整该图的设计，或购买一套组件再按照说明书进行组装。

一个结合了遮阴凉棚的木平台，能够为房屋的一侧增加亮点，也为闲坐和用餐提供了空间。木平台表面的木板条之间留有缝隙，便于雨后排水，而且比混凝土板更有舒适感。木平台建在坚固的支柱上，而这些支柱被固定于混凝土地基的金属板上。这种施工方法适宜对斜面进行处理：支柱被切割到所需的长度，而木平台则可以平稳地固定在它们上面。

木平台

基本的木板道

木平台的组装非常简单，其支架由多个木柱撑起，木柱间隔760mm，彼此对齐也互相平行，铺设方向顺着坡面方向。

基本的木板道可由宽75mm、厚25mm的防腐木铺设，后者被锯成相同长度，铺设时与支架成直角关系。如果平台的宽度是3m左右，可以横向铺置一整段的木材；然而，对于更宽的平台，木板条需要进行驳接以达到所需的宽度。使用35mm长的钉子将木板条固定在支架上，每一木板条各使用两颗钉子。

被抬升的木平台

木平台由许多矮木柱支撑，这些矮木柱固定在混凝土板中，而顶部是托架。通过延伸木柱的长度，可以将其设置成一排扶手；将木柱延展得更高，可在木平台上组装棚架或遮阳篷。如有需要，可将坐凳设计到木平台的主体结构中。为了便于进入木平台，可建造几级木台阶。

规划结构

决定好木平台的使用功能，因为这有助于确定它的整体大小。如果打算在户外用餐，那么木平台必须足以容纳桌椅，并且留出可从桌椅后面上菜的空间。如果木平台是用于日光浴的，那么则必须预留安置躺椅的空间。

想象一下木平台与房屋墙壁的连接情况：如果木平台比较狭窄——比如宽约3m，并且从墙壁处伸出约6m，这样它的存在就像是海边的码头；而沿着房屋墙壁延伸的宽度或许使木平台呈现出更好的比例。另外，方形木平台更适合设置在角落位置，嵌在两墙之间的直角处正好。

在绘图纸上按比例绘制花园的平面图，并标记木平台的预设位置和大小，以及通道的铺设安排和其他可能影响整体设计的构筑物。绘制场地的立面图来展示地面坡度的变化：木平台能够建在坡地上，可以通过调整木柱的高度来使其四平八稳。

木材要求

利用绘制的规划设计图来计算所需木材的数量。主要结构部件由两种尺寸的木材组成，其中138 mm x 38mm的木材作为木平台下面的支架，边长为75mm的方木作为木平台上部的支撑。木龙骨应由138 mmx 38mm的软木制成，支撑平铺着的同尺寸的木条。

设置混凝土块

木柱由浇筑的混凝土块所支撑，每个混凝土块面积约为400mm²，厚约150mm。混凝土块的顶面应该是水平的，但又不需使它们相互齐平，因为相关木柱的长度能被调整。

通过放线和打入基准桩来标记每块混凝土块在地面上的位置，使块与块之间间隔大约为1.4m（从块中心到块中心）。从房屋墙壁开始，测量木平台的前后尺寸，并标记位于角落处的混凝土块，然后再回到墙壁进行测量，确定其余混凝土块的位置。

木平台

木柱本身固定在金属板插口中，而这些金属板插口被螺栓固定在混凝土块上。确保这些插口互相平齐，并与墙体成直角，这可以通过临时放线作为参考指引。铲除木平台下面的植物，用抑制杂草的薄膜进行覆盖，然后铺上豌豆大小的砾石。

建造木平台

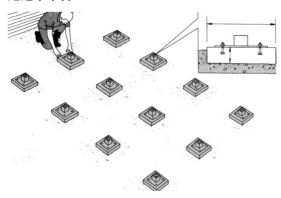

1 混凝土块设置在拟建的木平台底部，并用螺栓将金属插口固定于此，混凝土块因此成了木柱的主要支撑。安排正确的间隔比较重要，而地面是否平坦却没有那么重要，因为之后会把柱子锯切到正确的高度，使木平台能够四平八稳地固定。

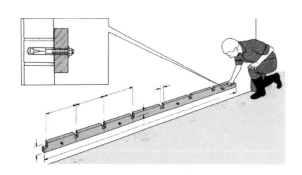

2 贴着房屋墙壁安装一块结实的木墙板，刻上缺口。这块墙板被拴在砖石砌体上。

设置支撑柱

主要的支撑柱由三段长 3m、宽 138mm、厚 38mm 的木材组成，使用防水木工胶进行粘合，并用 100mm 长的钉子进行固定。每一组合木柱的基部有一个边长为 75mm 的方形榫头接口，这样它就可以嵌入固定于混凝土块的金属插口中。

在不平坦的地面上，柱子的长度不一，因此需要在每一柱子处标出最终的高度。如果木平台上结合凉棚的设置，请在最低柱子的顶部放置一段木材，使其延伸到相邻的柱子边，然后在木材顶部放置水准仪，调整至水平状态，使第二根柱子与第一根柱子处于相同高度。重复上述步骤，逐一将柱子锯至同一高度。

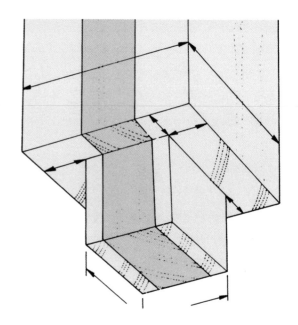

3 主要的支撑木柱由三段木材组成，使用防水木工胶和钉子将其结合起来，底部的凸榫能够插入插口中。

木平台

安装木龙骨

木龙骨围绕着支撑木柱钉在所需的高度位置。如果想让木平台加入一个错层表面，则需要设置上部和下部的木龙骨。

标记出底部木龙骨所支撑木柱的高度，然后对138mm宽、38mm厚的木材进行所需长度的测量并锯切，在其顶部放置水准仪来检测水平性，然后用100mm长的钉子来固定侧面。

设置墙板

如果木平台贴近房屋墙体，则有必要设置一块结实坚固的木墙板，用于连接龙骨架的木板条。在墙板的顶部边缘留出69mm深、38mm宽的凹口，每个凹口间距为423mm，可用锯子和凿子弄出这些凹口。

以450mm的间隔在墙板上钻孔，在孔中插入螺栓，确保墙板固定到墙体并呈现水平状态，还要与龙骨架的边缘位于一致的高度。

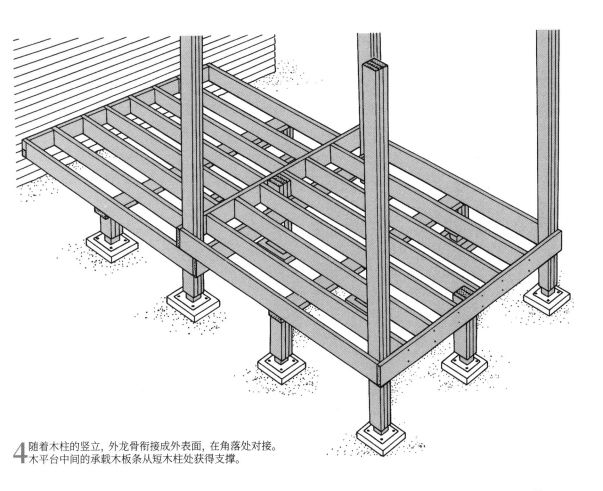

4 随着木柱的竖立，外龙骨衔接成外表面，在角落处对接。木平台中间的承载木板条从短木柱处获得支撑。

木平台

设置木平台的中间支撑板条

木平台中间的支撑板条是指平置在龙骨架下的127宽、38mm厚的木材，并由锯切过的承重木柱所撑起。测量每根中间支柱的底部到外龙骨下部的距离，并从中减去38mm。将柱子锯切到合适高度，然后将它们插入插口，用以顶着板条，从而支撑木平台。

安装龙骨架

将中间龙骨锯切成一定长度，然后切割凹口，与墙板上的凹口相匹配。中间龙骨的顶部必须与墙板顶部边缘齐平，也要与外龙骨的顶部边缘处于同一水平线上。将龙骨的凹口一端放在墙板上，并将另一端靠着外龙骨的内表面，通过将钉子从外龙骨向中间龙骨的一端钉入来使骨架稳固，另一端则是通过凹口与墙板钉在一起。

铺设木板条

当把木平台的外框架建起后，就可以铺设木平台的表面了。锯切长度一致的木材，然后将它们铺置在整个框架上，用钉子固定到龙骨上。将木板条与木板条之间留3~4mm的间隔，以便通风和表面排水。

扶手的设置

扶手可以围绕木平台进行设置。在距离木平台表面上约450mm的位置，水平地在两根柱子之间横置一段宽75mm、厚50mm的木材。在木平台表面和扶手之间设置横截面积为75mm²的小柱子，这些小柱子应有凹口，以便于安装。

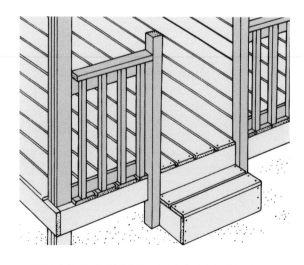

5 把木板条锯切到一致长度，把它们钉在龙骨架的顶部，令它们之间留出4mm的间隙，这可使用木制隔离片协助操作。

6 固定在扶手下的较细栏杆可以为木平台打造好看的正面，将它们设置在入口台阶两侧的木柱之间很合适。

建造坐凳

浇筑混凝土基础，并让其在建造墙体之前硬化。墙体的总高度取决于木平台高于地面的高度，但通常需要堆砌十层砖来保证坐着有足够舒适的高度。

按顺砌砖的方式砌合，稍微转动砖块的角度，砌出回形墙。当墙体建造到正确高度时，修整好砂浆接缝，并让其硬化至少两天的时间。

坐凳面由八段宽 75mm、厚 25mm 的软木组成，而每一段软木又是由两块或三块宽 50mm、厚 25mm 的软木用螺钉驳接而成。把它们设置在墙体顶部，然后进行固定。

围绕树木设置坐凳

如果花园里有一棵好看的树木，而且在拟建的木平台区域内，你可以将此特色结合到整体设计中。

先围绕着树木砌一道墙体，对于砖墙来说，需要为其创建合适的地基。在拟建墙体的周围建造简单的条形基础就足够了（见第 86 页），但在挖掘地基沟槽时必须要注意不能伤害到树的根部。

如果树根较大，则必须架空设置地基沟槽来避开它们，确保过大的树根不会过度影响墙体的稳定性。如果树根较小，则可以将它们稍微修剪一点（尽管这会影响树木在地面上的生长）。

围绕着树木建造的墙体高约 450mm，使用砖块、混凝土块、石板或是木材等材料建造，然后就能在墙体顶部设置简单的长凳面，为你提供可坐下休息的阴凉地方。

木平台的安全性和维护工作

当你购买用于花园木平台的木材时，先检查它是否适合用于木平台。如果使用硬木作为木平台材料，请确保它是可持续来源。软木是一种更便宜的选择，但它较容易腐烂和开裂。

被抬升的木平台周围应设置栏杆。理想情况下，高架木平台应由能够认证其安全性的建筑承包商来进行检查。选择带纹道的木板作为木平台地板，因为这些木板有足够的摩擦力，特别是木平台潮湿的时候尤其起作用。所有用于建造木平台的金属固定装置都应采用镀锌材料，以防止它们生锈。

在处理木材时，要确保自己穿上合适的防护服，戴上手套以防木碎片的伤害，还要记住皮肤不要直接接触刚喷涂了防腐剂的木材。在锯切或打磨木材时，请用护目镜遮住眼睛并戴上防尘面具。

如果在工程项目结束时留下了大量木材废品，可以联系废物处理承包商帮忙处理。少量锯切木屑能够被安全地处理，但不要试图将防腐处理过的木材或木屑做堆肥。还有就是，不要焚烧防腐处理过的木头。

定期移动木平台上的容器和家具，并对木平台进行洗刷以保持清洁——使用硬毛刷可清除霉变物质或湿滑的藻类植物。如要寻求更彻底的清洁，园艺商店有出售专用的木板清洁刷。

进行年度维护检查，检查木平台的裂痕情况（木材膨胀和收缩）、腐烂程度、虫害问题。修复或替换腐烂、晃动、翘曲的木板。如有必要，每年用防腐剂或木材着色剂对木材进行处理——选择合适的防腐剂并按照使用说明进行操作。如果木平台是使用油漆进行处理的，可以定期对其重新上漆。

台阶简介

当花园发生高差变化时，要做到的重要一点是能让人尽可能轻松舒适地从一个高度过渡到另一个高度。台阶是实现过渡的最有效方式。

台阶和周围的环境

台阶应与相关园路比例协调，而且宽度相同。它们应按照与之相关的墙体、坡地以及花园本身的比例进行规划。台阶太小时，似乎显得没有重要作用；台阶太大时，又显得过于夸张。台阶有两种基本类型——切入式和独立式。

切入式台阶

切入式台阶适宜在坡地上使用。台阶的形状由土壤本身塑造出来，有多种材料可用于踏面（行人走在台阶的部分）和梯级竖板（垂直部分）。切入式台阶可以是规则式的，也可以是不规则式的。

独立式台阶

如果你需要从地面走到更高的平台上，建造独立式台阶比较适合。独立式台阶通常看起来是规则式的，而且在周围环境中比较突出。

台阶的设计法式

在方格纸上勾画出台阶的位置和形状，可帮助你确定它们在现有花园规划中看起来会怎样以及它们将如何适应整体设计。更重要的是要画一个台阶的侧立

基本台阶类型

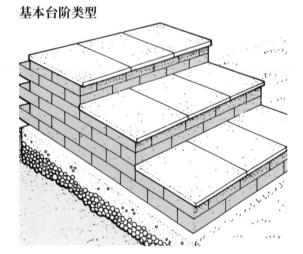

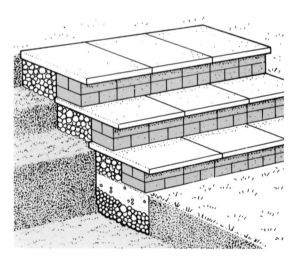

独立式台阶建造于一个平坦区域与另一个平坦区域之间，使用砖块"咬合"着挡土墙来避免结构散开。每段台阶的侧面围墙建在筏式基础或条形基础上。

切入式台阶建在坡地上，整段台阶嵌入地面本身形成的基础。台阶底部建在混凝土条形基础上，梯级竖板设置在基础上并用硬质物回填，然后在其上铺设踏面；随后的梯级竖板和踏面依次在下一级踏面的后面设置。

面图，这能显示台阶所需的斜度。

必须要考虑到一些安全标准。如果台阶太陡，那么走起来会很累。如果台阶太低，则会有绊倒的危险。以下是一些步行起来既舒适又安全的典型尺寸：

梯级竖板通常为 100～125mm 高，但也会高达 150mm 或 175mm。踏面的宽不应小于 300mm。考虑谁将使用这些台阶：踏面长 600mm 只能容纳一个人；两个人并肩走需要长 1.5m 的台阶。梯级突边是踏面的前部边缘，它应该从梯级竖板向外伸出约

25mm，这塑造出有阴影边缘的台阶形状。

台阶的比例大小

每一梯级竖板与每一踏面在同一段台阶中要保持一致的比例大小。如果用天然材料（如岩石或圆木）建造台阶，则可能需要一些努力才能建造得匀称。

梯级竖板和踏面之间的大小存在着公认的关系：踏面越宽，梯级竖板应该越矮。

不同风格和材料的台阶

台阶对花园可起到美化作用，还经常被当作主要焦点。台阶有的仅使用普通的砖块建造，有的是用组合的板块建起，有的则是建成更讲究的构筑：都起到引导着游赏者去探索另一个区域的作用。

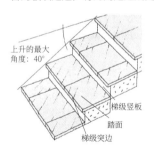

花园里台阶的上升角度不应超过 40°。梯级突边是踏面最外缘的部分。

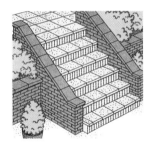

这些砖块和再造石砌成的台阶在坡地上呈现半嵌入的状态。

曲折前进的台阶总是很有趣的，通常由经过处理的圆木和加固的砾石砌成，比较适合于林地。

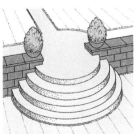

半圆形的台阶是最流行的风格之一。在整段台阶之上欣赏园中的景色是很不错的体验。

建造圆木台阶和圆形台阶

在一个不规则式的花园中，砖石台阶可能会显得不那么协调，木台阶通常会更适用。切入式台阶更符合这种类型的花园，并且使用锯切的圆木来作为梯级竖板更有特点。

在更规则式的花园设置中，台阶也不一定总是拘束于直线形式中。如果有足够的空间，可以考虑创建一段由圆形或扇形踏面组成的台阶。

圆木台阶

在每个台阶的位置，打入粗壮的木桩，使其与两侧梯级突边的位置对齐。在木桩后面放置一段圆木，这样可让木桩撑着圆木使其不滚落，然后用硬质物进行回填。使用大锤子将硬质物夯实，再用细砾石铺在上面，以此作为踏面。

还可以用两段或更多的小圆木堆叠起来组成一个梯级竖板。作为圆木的替代选择，你也可以购买专门用于花园建设的枕木式木块，来建造一段偏向规则式但又具备粗犷风格的台阶。

建造圆形台阶

大致比画圆形踏面的形状，并在下面铺设混凝土板作地基。使用铺在砂浆上的砖块或石板，形成踏面的转弯前沿，并用砾石或鹅卵石填充圆形来产生别致的效果。你甚至可以在砖砌圆形中铺设草皮来创建草阶，但要记住，这将会很难维护并且难以修剪。

圆形停歇平台

曲形台阶上的变化是创建圆形的停歇平台，与斜坡交错和部分重叠，施工方法与建造曲形台阶相同。

圆木台阶和砖砾混合的圆形台阶

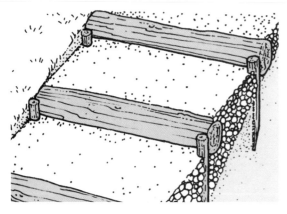

圆木台阶由以木桩支撑的圆木建成，并使用了砾石进行回填。

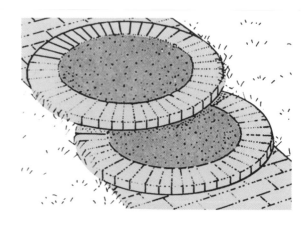

圆形停歇平台由砖块围砌，中间使用砾石或其他铺装材料进行回填。

型材板

型材板可用于标记条形基础（见第 88 ~ 89 页），也可用于设置花园台阶的参考线。可使用一对型材板和绳子来标记台阶所需的基础槽的边缘。对于台阶的侧壁，在前端设置型材板，绳子会与之前固定的绳子相交成直角。

将参考线的位置转移到混凝土条形基础上的砂浆处，沿砂浆一路划过抹刀来标记，抹刀刀片应处于垂直状态，并利用水准仪保持精确度。

设置型材板

型材板通常成对使用，用于指示构建条形基础的沟槽位置。每块型材板下钉着两根木桩，这两根木桩都有尖端，可插进土壤中。

对应着所需的宽度往型材板打入钉子，然后将绳子绑在钉子上。将这两段互相平行的绳子所对应的宽度位置转移到基底的砂浆上，使用抹刀来标记，并使用水准仪来保证精确度。随后，在铺设第一道砖块时，这将是一条参考线。

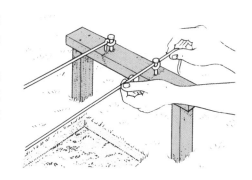

浇筑混凝土台阶

计算台阶数量

要计算需要建造多少台阶，可先量度需要攀登的垂直高度，然后用此数值除以单个梯级竖板加上踏面的高度之和。

在台地上，只需测量挡土墙的高度。在坡地上，这项测量工作比较复杂（见第 123 页）。在斜坡的顶部将一个短木桩打入地下，并在斜坡的底部插入一根木棍。在短木桩与木棍之间连接一段绳子，并用水准仪将其设置为水平状态。测量从木棍底部到绳子的距离，得到斜坡的垂直高度：将此数值除以梯级竖板与踏面的高度之和，可得到斜坡需要的台阶数量。

安全的设施

较陡的台阶需要配备扶手，每侧的扶手大约距离踏面 840mm 高，位于侧边 300mm 之外的地方设立。或者，也可以在台阶侧边各建造一道约等于扶手高度的墙体。若一段台阶超过了 10 个，那么需要设置一个停歇平台，提供暂缓休息的同时放缓了坡度，在计算所需的踏面数量时要考虑到这一点。

踏面应稍微倾斜——大约 12mm 的落差就足够了，这样雨水能够迅速排走。这在冬天尤其重要，因为冰会使台阶变得滑溜而危险。出于同样的原因，请选择具有防滑纹理表面的材料。

台阶的排水

虽然踏面应该稍微倾斜以便于排水，但如果台阶朝向房屋墙壁，则会在房屋旁产生积水问题。要使从踏面上流下的大量水离开房屋墙体，则要在台阶底部

浇筑混凝土台阶

浇筑混凝土台阶可在原位建造木模板，回填硬质物，然后铺上 100mm 厚的混凝土。托架模板需要使用木桩加固支撑，不然混凝土会把它撑裂。你也可以使用 20mm 厚的胶合板建造侧模板来代替木框架。

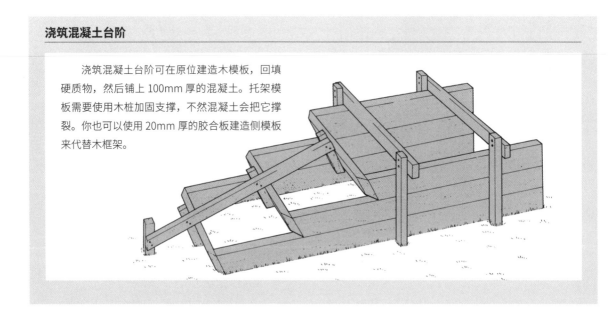

浇筑混凝土台阶

设置浅层的交叉管道，与现有排水口或排水沟相接。

材料选择

你选择的材料应与周围环境协调融合。例如，当要建造通往露台的独立式台阶时，梯级竖板可使用与露台挡土墙相同的材料；在台阶延续现有园路的情况下，可以为台阶踏面使用相同的铺路材料。

软化台阶外观

一段台阶容易显得太过生硬，除非你采取一些方式对它在视觉上进行软化。在切入式台阶的侧边种植色彩斑斓的植物能够最大限度地削弱棱角感。你甚至可以在梯级竖板处种植低矮的小植物：这将能减少台阶的硬线条，并清楚地表示水平高度的变化。在较宽的台阶上，可以在踏面上放置色彩多样的盆栽，营造一条花叶簇拥的大道。

浇筑混凝土台阶

台阶可以采用原位浇筑混凝土的方法来建造。混凝土可以裸露在外，或者使用其他铺装材料，如砖块或石板，对其进行覆盖。木框架用于台阶的辅助建设，被称为"模板"。

构造台阶的混凝土模板的方法是组成一个三层木材托架——每一层对应一个台阶——由侧边两块木板和前部的一块支撑竖板组成，可使用宽200mm、厚25mm的软木来制作。对于托架的施工，可将托架放置在预备基础上，记得对其进行不超过12mm的倾斜，

以便雨水排走。侧边木板附有木条支撑，这可以防止重量大的湿混凝土将侧板砸开。将一段木材斜钉入地，以支撑梯级竖板，并在每个梯级竖板处设置支撑木块。

在模板的内表面涂抹机油——旧发动机油即可，防止混凝土黏附在木材上。用硬质物填充进托架模板内，将其压实，并在上面铺一层沙子来填补空隙。

搅拌混凝土，最好使用电动搅拌机。倒入混凝土并夯实，使其与托架模板的顶部齐平，使用抹刀将混凝土抹平。将木制三角模具固定在每个台阶的顶部边缘，使每个踏面配有突边。这样可以防止混凝土碎裂，同时避免出现可能会伤害到儿童的锋利边缘。

让混凝土静止硬化四天，然后卸下模板。将选择的面层材料直接铺在混凝土上，使用砂浆铺设。

计算台阶的尺寸大小

较矮的台阶一般看起来更优雅，尤其是当台阶宽阔时更是如此。相反，台阶较高时看起来目的性更强。根据水平空间的需求以及通过简单的立面图展示的高度来计算台阶的尺寸，这有助于确定准确的梯级竖板与踏面之间的比例。在拟建的台阶顶部或底部的可用空间量可帮助确定台阶的位置和形式。以下是竖板与踏面相互比较匹配的尺寸。

竖板（从顶部到底部）	踏面（从前部到后部）
180mm	280mm
165mm	330mm
150mm	380mm
140mm	410mm
130mm	430mm
115mm	450mm
100mm	475mm

建造切入式台阶

这种台阶从土地本身挖切出来，附在斜坡上。

建造台阶

放线来限定坡地上台阶的形状和大小，水平设置更多的参考线来标记踏面突边。从整段台阶的顶部开始进行操作，挖切台阶的大致形状，并按照下面的说明来建造台阶。要注意的是，在施工过程中站立在台阶上的次数越少越好，所以尽量从侧面来压实土地。

建造切入式台阶

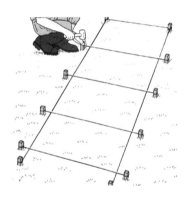

1 放线和设置基准桩来限定台阶的两边和标记踏面突边的位置。

2 用铲子铲出台阶的大致形状，然后用粗实的木棍压实土地。

3 根据参考线和所选梯级竖板、踏面的尺寸，更准确地限定台阶。

4 在混凝土基础上铺置第一块梯级竖板时，如有必要，可以顺砖砌合的方式堆砌两层砖。

5 在梯级竖板后面的踏面位置处铺上硬质物，将其向下压实，然后在上面铺上沙子来填补空隙。

6 将石板铺设在砂浆上，利用参考线使突边对齐。

▲ 选择符合内部设置的花园大门非常重要。采用尖木桩栅栏是最常用的家庭风格之一。

◀ 传统的彩漆大门将使花园入口为人注目。门需要用良好的材料打造，并且要得到良好的维护来延长使用寿命。

◀ 建造台阶明显是解决不同高差问题，或者引导游赏者从一个区域到另一个区域的好方法。这些半圆形的台阶将人从小平台引导到木棚架内的户外用餐区。

建造切入式台阶

对于大段的台阶——例如大约 10 步以上，建议在底部的沟槽浇筑混凝土基础，这可防止整段台阶向坡地倾倒。在底部梯级竖板的位置之下挖掘沟槽，大概比台阶宽 100mm、深 100mm。往沟槽底部夯入硬质物，并用新拌混凝土浇筑至地面水平位置。压实混凝土，将其抹平并留置过夜。

铺设梯级竖板

使用砖块在混凝土基础上建造第一个梯级竖板。组成梯级竖板的上下两层砖块应错开，形成基本的顺砖砌合模式。为了保持这种排列，不得不把终端的砖块长度削减一半。

铺设第一块踏面

在梯级竖板后面倒下硬质物，并将其压实，但要注意不要为了压实硬质物而移动了梯级竖板。

7 将踏面稍稍向下倾斜以便排水。使用垫片来保持角度一致。

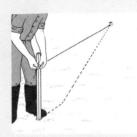

测量坡度

通过测量坡地的垂直高度，计算出斜坡需要的台阶数量。要做到这一点，先在斜坡顶部打入低矮的木桩，在斜坡底部插入木杆，再用绳子连接木桩和木杆，绳子必须处于水平状态，这样读数才会准确，然后再测量木杆从地面到系绳子位置的高度。

将石板放到准备好的基底上，将其顶部外沿与第一条参考线对齐。如果拟合得刚刚好，则先把石板移除，并在要铺设踏面的位置周边抹上一圈砂浆或者抹上满满的砂浆，后者对荷载大的台阶很适用。

将石板压在砂浆上，轻微摇动石板使其压实。如果台阶是两块石板的长度，两块石板之间可留有一道小缝隙，之后使用沙子和水泥混合物填充。

使用水准仪来检查石板是否相互平齐。还要检查它们为排水而倾斜的范围是否不超过 12mm。

铺设其余的台阶

第二个梯级竖板可以铺置在第一个踏面的后沿上。在梯级竖板的位置之下抹一道砂浆，然后按前面所述铺设砖块。如之前一样回填硬质物，然后铺设第二块踏面。以此类推，直至完成整段台阶。刮去多余的砂浆，将接缝清理整洁，并让砂浆硬化约一周时间。

建造独立式台阶

独立式台阶所采用的建造材料应该要与其通往的平台铺设材料相同或类似。

建造条形基础以支撑台阶周边的墙壁，并设置绳子和型材板作为铺设砖石的参考物（见第117页）。

建设第一块梯级竖板

整段台阶由许多底座构成，这些底座约为两层砖块或石块的深度，它们堆叠在一起，背部边缘齐平，形成了台阶的骨架。

在浇筑的地基上开始建造第一个底座。按比例制作混合砂浆，往条形基础上抹一道10mm厚的砂浆，然后如第117页所述，将参考线的位置转移到砂浆层上。使用抹刀抹开砂浆，为砖石增添吸力和附着力。

从平台一侧开始，为梯级竖板砌第一层砖块或石块，使边缘与参考线对齐。将砖块或石块晃动着向下按压，使其牢固而平整地铺置，然后用抹刀的手柄在上面敲实。

砖块或石块在台阶的拐角处以直角方式转变方向，再继续砌合下去。在第一层砖石的顶部抹上砂浆，然后以同样的方式铺设第二层砖石，错缝相接。

沿着顺砖砌合的墙体放置水准仪，确保其处于水平状态，并进行必要的调整。如果砂浆接缝的厚度不一，那么墙体则不会均匀上升。

台阶的咬合

为了使整段台阶持久而稳固地与平台墙壁相连，有必要将梯级竖板的墙体结合到平台墙壁中。这可通过"咬合"的方式来完成——通过在平台墙壁里取下一块砖块，然后换用梯级竖板的一块砖块，将其一半的长度插入孔中。

用锤子和凿子小心谨慎地凿开砖石砌体。从孔中扫掉灰尘和碎屑，并且弄湿表面，避免砖石砌体从砂浆中吸收过多的湿气，这可能会导致它开裂。将砂浆涂抹到孔洞的底部和替换砖块的端部，然后将砖块塞进孔中，并将其敲实。

回填硬质物

在用硬质物回填底座之前，先让砂浆静置几个小时。填入碎砖和瓦砾，并将其压实，不要让硬质物突出砖墙。在硬质物上铺上一层沙子来填补空隙，抹平沙子，并把一段木头跨过墙体来平整表面。

设置后续的底座

在第一个梯级竖板的顶部铺置第二个梯级竖板，其前沿推后设置到第一个完整踏面后。用硬质物回填底座，顶部铺上沙子，然后用相同的步骤建造余下的底座，直到整段台阶建到平台上。

当底座墙壁上升时，要经常检查它们是否处于水平状态。可以将水准仪或一段直木抵靠着墙体来检查墙体是否向外弯曲，在砂浆开始硬化前应该纠正好弯曲问题。

还要检查整体砂浆接缝的厚度是否相同，可以使用测量杆。这是一段有标记的木材，将它垂直对着底座墙壁，它将会把接缝不一样的地方显示出来。

建造独立式台阶

铺设踏面

当台阶的砖石砌体完成后，就可以铺设踏面了。对于石板踏面，涂抹五道砂浆在硬质物和沙子上，然后将踏面铺上。使用抹刀的手柄敲实踏面，并使其稍向前倾斜以便排水。

以相同方式铺设其余底座的踏面，然后勾墙缝和涂抹踏面之间的缝隙。在使用这些台阶之前，先让砂浆完全静置大约一周时间。

建造独立式台阶

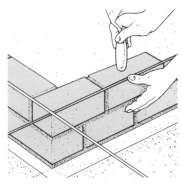

1 以顺砖砌合的方式堆砌两层砖块作为第一个梯级竖板，将砖块外部的上沿与围绕地基设置的参考线对齐。

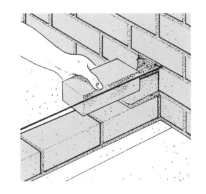

2 把梯级竖板的砖块塞进平台的墙壁里。先把平台墙壁的一块砖取下，再换用梯级竖板的一块砖，将其一半的长度插入孔中。

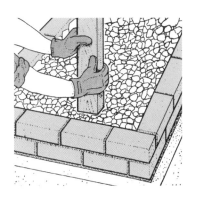

3 将硬质物填入底座，并用粗实的木杆或锤子将其敲实，但要注意不要使刚堆砌好的砖墙发生移位。

4 将沙子铺在硬质物上。使用一段直木将沙子整平到底座顶部的水平高度，使踏面能够平稳铺置。

5 使用相同的黏合方式将后续的梯级竖板铺置，要时常检查墙体是否在建造过程中向外扭曲。

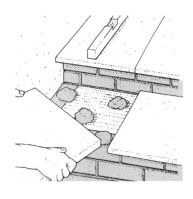

6 在硬质物和沙子上涂抹五道砂浆，然后铺上踏面，铺设时将踏面稍向前倾斜。

墙体材料

墙壁在花园中有许多功能，例如限定边界、遮挡不好看的地方、降低噪声和为一些构筑提供保护。

砖块的黏合

砖块通常以交叠的"黏合"方式建造稳固的结构，并将负荷分散到基部。墙体的砌合有不同的方式，最基本的是半砖墙和一砖墙。

半砖墙 半砖墙厚度是砖长的一半，以顺砖砌合的方式铺砌，砖与砖首尾相连，形成长长的砖面。上下层垂直灰缝互相错开一半的砖长。

一砖墙 一砖墙由两道平行的半砖墙组成，或者以砖长作为墙体的宽度来铺砌。

荷兰式砌合法通常是一顺一丁的砌合方式，丁砖一般使用对比色来增加装饰效果。

干石墙不需用砂浆砌合，可在边缘堆砌大石块，内部使用小石块交错嵌压，再铺设大石板使之紧实。

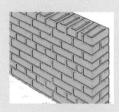

英式砌合法有顺砖层和丁砖层，三到五层顺砖与一层丁砖相间。

重构的石墙与砖块的砌合方式相同。一个石块单体可一次性跨过两层的高度。

材料的选择

选择的墙体材料必须要与墙体表现的功能相符。在选择材料时要注意颜色、材质、形状和大小的区分，这样墙体看起来才不会不协调。有些砖体干净利落的线条感适合规则式的设计，而装饰面砖多变的外观更切合不规则式的自然风格。二手砖块或石块经过自然的打磨，通常外观更加圆润。

砖块

在众多类型的砖块中，有三种类型的砖块比较适合花园墙体的构建。

面砖的一面或两面是粗糙或光滑的质地，也有各种颜色可选择。

普通砖可用于不着重展示外观的地方，而且它比面砖要便宜。普通砖没有特别的设计，便于粉刷，但要记得，不要把它们用在负荷重的地方。

工程砖密实、光滑、不透水，最适合使用于暴露在潮湿环境下的墙体中，或使用在墙体埋于地下的部分中。

颜色和来源

砖块也有各种名称，通常是指它们的颜色和纹理，但经常也指向它们的原产地和生产所使用的黏土颜色——彼得郡砖（来自它们起源的村子），斯塔福德郡蓝砖、莱斯特红砖、肯特砖（黄色）、多尔金砖（粉色）都是这样的例子。

异形砖 各种各样的异形砖能够为平淡的墙面带

来装饰效果，或者是保护建筑免受雨水的影响。

弧形砖 这种砖有一定的弧度，可用于拱形墙或拱门。

墙帽 墙帽以圆形、斜面等形式出现，设置在墙体的顶部，利于雨水洗落干净。它们一般伸出墙体，形成防止雨水滴落在墙面的檐。

角件 角件是墙帽中的特殊形状，可跨过墙体的直角。

有凹槽或孔洞的砖块

一些砖块有凹槽，目的是增强砖块与砂浆之间的黏合。有些贯穿砖块中间的孔洞发挥着同样的作用，随着砖层之间的砂浆涂抹，一些砂浆被迫进入到孔洞。

建造石墩

高于 915mm 的砖砌直墙需要每隔 1.8m 的距离使用立柱或石墩作为支承或加固。

顺砖砌合中的支柱和转角位置

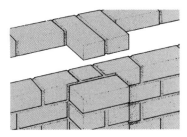

中间的支柱由两块砖以丁砖形式砌合，而另一层是两块四分之三的砖堆砌。

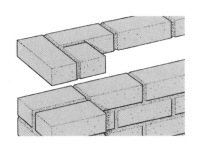

顺砖砌合式末端的支柱构造是将最后的砖块旋转成丁砖砌合形式，再在旁边补上半砖形成一块砖的长度。

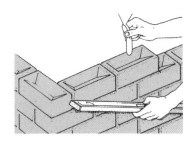

在顺砖砌合式的半砖墙，转角位置是通过把砖块以直角角度转动，然后将每层的垂直接缝错开。

特别的砖装饰

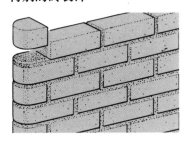

圆角砖为单砖厚度的花园墙体一端构造了整齐划一的弧形装饰。

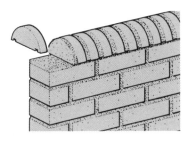

圆形墙帽的砖块沿着墙顶铺砌，两侧稍微悬垂，形成滴水细槽，好让雨水泻下。

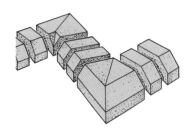

砖墙的顶部使用斜面砖和角砖，两者需要彼此匹配。

墙体铺砌

使用砖块和混凝土块可以构建直墙和曲墙。然而，砌砖并不是轻松的任务，在开始全面工作之前学习基本技能至关重要。

打造地基

为了准确定位铺砖，可在地基沟槽的两端设置木质型材板，并在之间系上细绳，以墙体的宽度为间隔，这具体取决于你正在建造的是半砖墙还是一砖墙。

砌砖设备

首先，熟悉砌砖所需的工具。

抹刀 可用于在地基和砖块上填敷泥灰，其手柄可用于敲实个别不平整的砖块。

拌砂浆板 这是一块约 600mm² 的木屑压合板、胶合板或细木工板，用于在正建的墙体旁拌砂浆。

灰泥托板 这是一块装有把手的小板，在砌砖的时候托着少量砂浆。

水准仪 经常用来检测单个砖块或完整的砖层是否处于水平状态，也用于检查墙体是否向外弯曲。

测量杆 用来检查砂浆接缝的厚度是否一致。

凿子 有一锋利的直边，可用于切割砖块。

锤子 经常与凿子搭配来切割砖块。

铺砌砖块

1 设置型材板，然后在混凝土条形基础上铺一层 10mm 厚的砂浆。用抹刀在砂浆表面上划几道细槽，增加附着力。

2 用涂满砂浆的抹刀往砖块末端涂抹，形成楔形，使用抹刀沿砂浆的脊部划下细痕。

墙体铺砌

销钉和细绳 用来保证每一砖层处于水平状态（见第 130 页）。

提桶 可用于砂浆材料配比。

铲子 可用于在结实平整的表面上（例如铺设在园路或车道上的方形板）搅拌混合砂浆成分。

手推车 可用来运输相当数量的砖块。

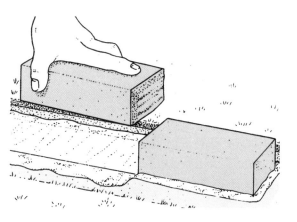

3 将第一块砖铺设在砂浆层上，与墙体的末端齐平。将第二块砖涂抹上砂浆的一端对准第一块砖的干净一端，然后铺设。

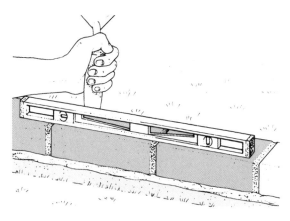

4 沿砖层放置水准仪，并使用抹刀的手柄轻敲砖块，使其平整。在低了下去的砖块的底部抹上更多的砂浆来使它们处于同一水平状态。

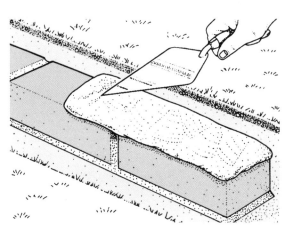

5 在第一层砖上部抹上一层砂浆，在表面上划几道细痕增加附着力，并将第二层砖铺设在上面。

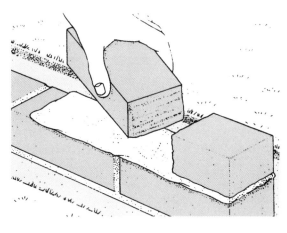

6 如同铺设第一层砖一样来铺设第二层，但在开始的位置要把砖块切成一半，使垂直接缝错开。继续铺砌更多的砖层，如同之前一样检测水平性。

墙体砌层

基本的砌砖技能

将砂浆倒在拌砂浆板上，并将其混合。用抹刀舀起砂浆两到三次，将其转移到灰泥托板上。使用抹刀向砂浆来回切几下，用刀片舀一坨砂浆，以刀片向下的姿势托着砂浆，在需要抹砂浆的位置迅速翻转抹刀，再迅速拉动抹刀，要防止砂浆从刀片上滚落下来。

按照这样的步骤操作，在混凝土条形基础上要建造墙体的位置铺上一层 10mm 厚的砂浆。用抹刀的刀片沿砂浆表面划痕，增加附着力。

砌砖

将第一块砖置于砂浆上，与每侧的划线标记对齐，并与拟建的墙体端部平齐。按压砖块，轻微摇动以加强黏合力，这时会有些砂浆从砖的两侧挤出，可用来填敷与第二块砖之间的垂直接缝。

检测砖层是否平整。根据需要调整砖块的高度，或是在砖块底下垫砂浆，或是用抹刀的手柄将砖块向下敲至平整。

铺设第二排砖时，要与第一排砖错缝相接。

勾缝

为了使砂浆接缝整洁，可将抹刀的刀片压向垂直接缝，将砂浆斜拨向一边。沿水平接缝移动抹刀，将顶部砂浆按压成斜面，这可避免雨水直接淋到墙体。

砌层

要经常检查所有砖缝的厚度是否相同，砖块是否水平铺置，墙体是否歪曲。

建造墙体时首先建造角落的位置，在角落与角落之间拉上参考线。

将一个销钉推入墙体角落的砂浆接缝处，沿着新砖层的外边缘拉起参考线，并用另一个销钉将参考线固定在墙体的另一端。之后每堆砌一层砖块，都相应将销钉和参考线上移。

制作一根长 915mm 长的测量杆，标记对应的砂浆接缝间隔。如果墙体是合理正常地砌高，则标记将与每块砖的顶部边缘齐平。

制作建筑角尺（见第 91 页），用以检测直角。

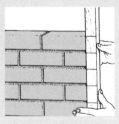

检查所有砖层的砂浆接缝是否都是 10mm 宽。

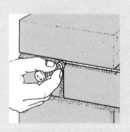

使用销钉和细绳来设置参考线，这样可让你准确地铺砌砖层。

先建造角落和侧边位置，然后再铺砌中间部分的砖块。

挡土墙

挡土墙的建造法则

挡土墙必须有足够的重量和稳扎的地基来抵抗来自土壤和水分的侧压力。

一道典型一砖厚的挡土墙，约 1.2m 高，需要的条形基础是墙体的长度，宽度是 510mm，厚度是 150mm，设置在土壤水平以下 510mm 的沟槽中。

如果墙体高度超过 1.2m，则需要在每端增加支柱。如果墙体长度超过 3m，则中间部分也需每隔 1.5～1.8m 增加支柱。

抗潮

由于挡土墙挡住的是来自土地相当大的压力，也因部分压力来自地下，所以有必要保护挡土墙不受潮。

被保留的泥土必须可从墙体的背后自由排水，因此需要安装穿过墙体厚度并从后向前倾斜的塑料排水管，该排水管应该安排在离地面的稍高处。或者，也可以在低层砖有间隔地留下不填砂浆的漏缝。

然而，在土地特别潮湿的地方，最好是在地面侧边铺设排水管，以便过滤掉多余的水分。

墙体回填

墙体建成后，可以回填泥土来创造台地效果。为了能够良好地排水，可以在挡土墙背后放置透水材料，然后将底土增加到墙顶以下约 150mm。使用滚筒将砾石和底土压实，然后在上面添加肥沃的表土。

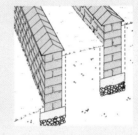

建立台地

要在陡坡上建立台地，需要相应地建造挡土墙。在地基上开始建造墙体，然后回填砾石、底土和表土，为每道墙后建成平坦区域。

抗潮

1 在挡土墙里靠近地面水平的位置插入塑料排水管，使多余的水分能够通过管道排走。

2 在墙顶设置斜面的墙帽，以利于雨水泻下。

3 将耐用聚乙烯膜作为防潮膜铺置在挡土墙背后，然后进行回填。

干石墙

天然石墙具有明显坚固的外观，填充进接缝中的土壤可用于种植植物，很适合乡村风格的花园。

选择坚固和防渗的石头，例如花岗岩或玄武岩，每立方米的墙体大约需要 1 吨石头。

干石墙如何建造

干石墙的砌石看似随意，其实仍需要严格保证刚度和强度。它包括：

地基 压实底土，上面铺设大块平整的基石。

倾斜支架

干石墙的倾斜形状是靠组装的木制框架形成的。独立式结构的墙体顶部较窄，外部石块依倾斜支架的形状铺砌。倾斜支架设置在墙体的每一端。

建造干石墙

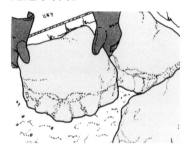

1 在压实的基底上铺上一层平整的大基石。

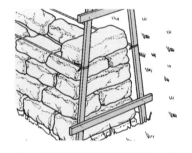

2 在侧边建造几层规则形状的石块，与之交错铺置的是平整的大块横置石头。

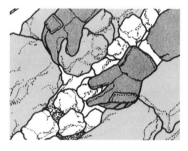

3 将小石块填充到空位中，并将石头压实。

4 通过横铺平整的大石块，与墙体外侧的石块相连，再继续使用方块边缘石砌筑墙体。

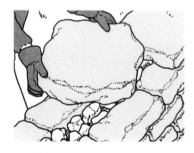

5 在墙顶覆盖一排石块，使墙体与雨水隔离。理论上来说，这排石块应略微倾斜铺设，以利于排水。

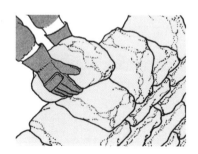

6 在盖顶石块的上面铺置一排作为墙帽的石头，将它们设置得稍微倾向一边。

边缘石块 相当规则的边缘石块铺砌在基石上，形成墙体的前部、后部和侧面，而中间部位留空。

填充石块 小块不规则的石头用于填充边缘石之间形成的空位。

横置石块 又长又平整的石头以随机的间隔横置墙体，能把外表面紧紧结合在一起。

盖顶 墙顶铺设一排平整的大石头，在上面设置墙帽。

墙帽石料 平坦的石头沿墙顶边缘铺设，它们可能会铺设得呈塔楼状。

设置倾斜支架

干石墙底座必须要建造得比顶部更宽，以增强结构的坚固性，好让负荷传送到基石上。一个典型的支架，底部约915mm宽，顶部则是约300mm宽。

在墙体的建造过程中，倾斜支架可用来设置角度，它由宽50mm、厚25mm的软木组成，按照墙体的相应比例钉在一起。墙体的每端都需要一个倾斜支架。

对于挡土干石墙，墙体的后沿应保持垂直以抵消来自潮湿土壤的侧压力，即将后部直立固定，前部则向坡呈一定角度倾斜。

建造墙体

将倾斜支架竖立在墙体两端的适当位置，并用细绳连接作为参考线。在基石上堆砌边缘石，依照倾斜支架的形状铺置石头，这样墙体渐渐向内倾斜。堆砌到三至四层时，就往边缘石之间的空位中填充小石头。

墙体维护和上漆

重新勾缝

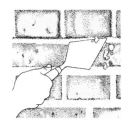

水泥、石灰和沙子按比例混合成勾缝材料，轻刮旧砂浆，使墙面整洁。

湿润接缝，牢牢填好砂浆，用抹刀将其抹成斜面。

为墙体上油漆

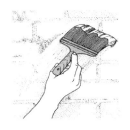

用钢丝刷清除松散的油漆。如果砖块状况不佳，可使用化学密封剂进行保护。

在外墙涂上一层新的油漆。

围栏

围栏有很多风格很多种类，在花园中也具有多种功能。你可能想要为花园建立实用而又具装饰性的围栏，又或者只是简单地设置一个功能屏障。

预制板围栏

预制板围栏是打造坚固屏障最快和最经济的方法。然而，这种围栏不是最结实的结构，因为它们通常由廉价的薄木板构成。它们的力量在于木杆之间的连接方式。钉在顶部的斜面零件可起到防雨的作用。

方平组织 以方平组织为图案的预制板围栏是最常用的，它由落叶松或其他松树的薄木条制成。面板被固定在木桩或混凝土桩之间，使用螺栓来固定。

不规整的边缘 这是另一种方平组织的预制板。水平木板的边缘是不规整的，通常结合树皮，交叠重合形成坚固的屏障。这些木板被固定在一个薄薄的软木框内，同样是被钉在桩子之间。

格栅 格栅通常为方平组织的面板或不规整边缘的面板增加到更高的高度，它本身也可以用作轻质围栏。半透的格栅可以成为垃圾箱或堆肥堆的很好屏障，毕竟这些地方只需要一个轻质结构作遮挡。

立柱围栏

立柱围栏多种多样，通常在房屋边界使用。一系列横木条基本上是与直立桩钉在一起或榫接，这些直立桩可以是圆柱形的，而横木条则是半圆柱形，并且经常结合树皮的使用来打造质朴的外观。在这样的分类下，有以下常见的围栏：

牧场式 牧场式围栏是薄而平的软木板水平地与软木短桩钉在一起。

双层牧场式 这是基本牧场式栅栏的一种变形，是一个双层版本，在木桩的两面都钉上了横木板。

尖木桩式 尖木桩围栏通常作为一种优雅边界，普遍使用在屋前花园中，习惯上会喷涂白漆或使用防腐剂处理。

木栅栏式 木栅栏类似于尖木桩风格，但不同之处在于垂直板条并排紧密地靠在一起，形成了更坚固的栅栏。

半开放木栅栏式 这是由纵向裂开两半的木条与水平板条以互相交错的方式钉在一起形成的，可保护隐私，也利于透风。

金属围栏

垂直板条围栏 顶部磨圆的垂直铁杆与横杆钉合成矩形截面，组成了这种围栏。它常与乡村花园联系在一起，通常喷涂保护漆，是制作围栏的一个长久而不错的选择。

铁艺围栏 这通常是与城镇屋前花园相关联，传统上是由具有铸铁尖头或箭头的垂直铁杆组成，现在的栏杆多用铝合金制造，并有多种图案可供选择。

连续性围栏 这是围合场地的传统手法。这种围栏由水平式的铁条和直立式的圆铁杆组成，市面上可以买得到，但价格较昂贵。

金属网围栏 金属网围栏作为实用围栏来说是比较合适的。尽管这种围栏通常只具有实用性的外观，

围栏

但塑造成优雅的装饰类型也是可以的。金属网一般是固定在木材、混凝土或金属柱之间。

开裂栗板条围栏 这种围栏由上下捆绑着镀锌钢丝的栗木桩组装而成，金属线连接在粗实的软木桩之间，通常钉上斜撑，中间部分还要设置桩子，以防止金属线下垂。

尖头栅栏 尖头栅栏由钢制配件组成，可用于纯粹装饰或标记边界，而不是作为一道坚固的屏障。

围栏类型

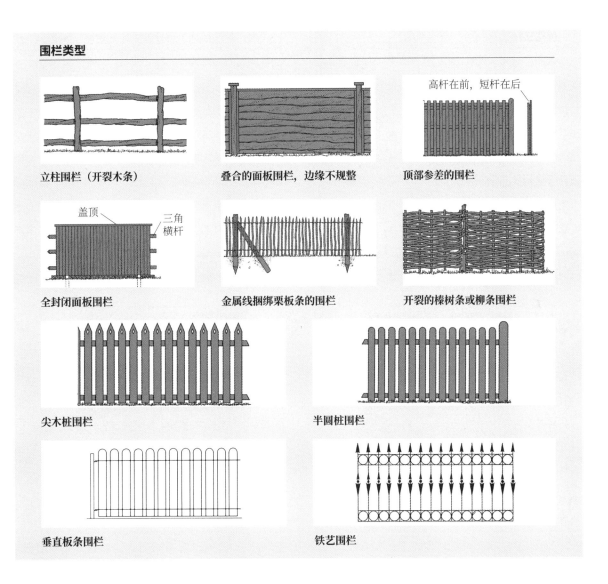

立柱围栏（开裂木条）

叠合的面板围栏，边缘不规整

高杆在前，短杆在后
顶部参差的围栏

盖顶　三角横杆
全封闭面板围栏

金属线捆绑栗板条的围栏

开裂的榛树条或柳条围栏

尖木桩围栏

半圆桩围栏

垂直板条围栏

铁艺围栏

固定围栏柱

....

防腐剂处理过的围栏柱以标准长度出售，需要将它们切割成所需要的大小。必须要留出足够的深度让柱子插入地下，并且允许柱子延伸到围栏面板顶部几厘米以上。

固定立柱

混凝土桩最好埋入地下挖的洞里，并用混凝土覆盖起来，而木桩同样可以采用这种方法，地下部分固定在混凝土支座里，或者用专用的金属尖长钉将其固定。

使用混凝土稳固柱子

1 定好正确的位置，用铁铲挖洞，或者为了方便起见，租用一个钻洞机。

2 将柱子插入洞里，用钉子临时固定，并用水准仪检查每一侧，使其尽可能垂直放置。

3 将硬质物放入洞里，压实在柱子周围，位置约在地面水平以下 150mm 内。

4 用抹刀在柱子周围抹新拌混凝土，将其压实，并塑造成稍有坡度的小高地，以利于雨水迅速排走。

对于高约 1.2m 的立柱，需要挖一个深 460mm 的孔洞，但对于更高的立柱来说，需要往地下挖到 610mm 来获得更大的支撑力度。

虽然可以用铁铲来挖洞，但租用一个钻洞机更省时省力。要使用该工具，先将叶片放在需要插入柱子的位置，然后转动手柄挖泥土，随着将工具提起，泥土就会松动，可被移除。

使立柱竖直放置

通过将水准仪放在每个面上检测，并根据需要进行调整，确保立柱完全竖直，并在柱子周围堆放地面水平以上 150mm 厚的砾石。

将混凝土铲入洞里，填在柱子周围，所填的混凝土最终稍高出地面水平，把混凝土塑造成整洁的斜面形状，这样雨水就不会集中堆积在柱子底部。

在安装围栏板之前，最好是让混凝土硬化两天

抵抗自然侵蚀

处理柱顶

将围栏柱子的顶部切割成斜面或削成尖顶，可以保证雨水能够迅速流走。对切割口的处理是将其放入一桶防腐剂浸泡液中，留置过夜。或者，也可以用预制的木帽套在方柱头上，记得要将木帽钉紧。

制造防腐剂浸泡

将围栏柱子放在防腐剂液中浸泡几天，每隔一段时间转动柱子一次，保证均匀浸泡，这可让柱子抵抗潮湿地面对它造成的腐蚀伤害。

左右。但是，如果是使用围栏金属尖长钉作固定，则在柱子正确定位后即可以安装面板。

使用围栏尖长钉

围栏尖长钉由镀锌钢钉组成，在其顶部有是一个方形的槽口，柱子就是嵌入这个槽口中，通过拧紧螺母或往预钻孔内钉入钉子来使柱子稳固。使用测量杆圈出其他柱子的位置，并用相同的方法固定余下的柱子。

混凝土支座

与围栏长钉一样，混凝土支座可隔绝土地和柱子之间的直接接触，从而减少柱子受腐蚀的风险。支座可现买，它有一端是倾斜的，还有一个连接柱子的孔洞。将支座放入混凝土中，使倾斜的一端向上，支座孔洞的最低位置应在混凝土底部之上，这样才能保证柱子靠近地面，但并不贴着地面。使用水准仪检测支座是否处于垂直状态。在将柱子插入到支座上前要先让混凝土完全硬化。

使柱子对齐

如果要求围栏垂直稳固不弯曲，则必须使柱子保持竖直，这样柱子与柱子之间留给镶嵌面板的距离才正确。

安装围栏长钉

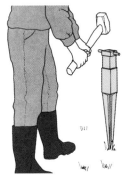

1 使用大锤将长钉打入地下。

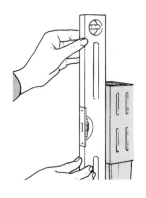

2 使用水准仪依次对长钉的每一边进行检查，检测它是否处于垂直状态。

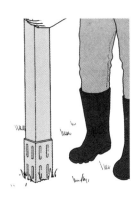

3 把柱子插入围栏长钉顶部的槽口，拧紧螺栓使柱子固定。

在固定柱子时，检查它们是否与参考线对齐，在柱子之间放置面板或扶手来试验一下。还要检查这些柱子是否被固定在同一深度，可通过在一段长直木板上放置水准仪来进行检测，可根据需要相应地调整柱子的深度。

混凝土柱和混凝土围栏

大多数围栏由方头木柱支撑。而混凝土柱可适用于很多类型的围栏，防腐蚀且耐久稳固。它们通常是截面为 $100mm^2$ 的方柱，内嵌有长铁棒加固。为了适应不同风格的围栏，有各种形式：钻孔混凝土柱可用于支撑金属网围栏；有凹口的柱子可用于连接某些围栏上的斜撑木条；管道形的柱子特别适用于混凝土围栏，其中坚固的实面板取代了常用的木板类型。

固定面板围栏

　　面板围栏的建造快捷而经济，可以在建筑物边界处形成坚固的屏障，在庭院内可作为效果不错的防风障，或者用于花园内不同区域的分隔。然而，它的外观以实用功能为准，而且看起来可能并不与其他的花园设置相匹配。即便如此，面板围栏的外观可以被柔和软化，通过使用彩色木材防腐剂对其进行处理，还可以种上攀缘植物。

固定柱子

　　固定第一个围栏柱子（见第 136 页）。虽然你可以先划出正确的距离，再一次性安装所有的围栏柱子，但是你会发现一次先安装一个，然后用面板作为精确间距的参考，这样可以避免柱子间对不齐的问题。

固定围栏底板

　　在面板下方可安装围栏底板，以防止潮湿的土壤直接接触围栏本身：围栏底板奉献着自身来保全面板，因为它们更容易更换。

　　在支柱之间进行测量，以确定围栏底板的尺寸，并切割一段软木来配合安装，使用无毒防腐剂对其进行处理并晾干。在柱子之间水平放置一块围栏底板，并在顶部放上水准仪来检测，再用镀锌钉子将板与立柱钉在一起。

用钉子固定的预制板

　　预制板可以简单地穿插在柱子之间，在靠近柱子顶部、底部和中间的位置通过从外框架向内钉入钉子来进行固定。先在框架处钻孔，以避免钉子被锤击时薄木会断裂。

　　在第一根柱子与第二根柱子之间安装面板，请将面板安装在砖块上，使其高出地面以防止受潮，或者布置好了围栏底板后再在上面安装面板。

竖立面板围栏

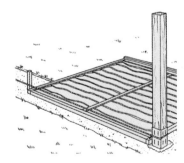

1 从第一根固定的立柱开始，在地面标出围栏的走向。使用面板作为参考来固定其余柱子，还可以使用细绳和木桩来作为视觉参考。

2 使用两片式金属托架将面板固定到立柱上。使用 T 形量规将托架的一半安置到距离围栏柱子边缘的正确位置。

3 使用镀锌钢钉将另一半托架固定在前一半托架大约 25mm 的上方，确保托架与柱子成直角关系，否则面板难以嵌入。

准确地对齐围栏面板，使其在所有方向上都是垂直的，然后在面板顶部放置水准仪来检测，再往预钻孔钉入 75mm 长的镀锌钢钉。

用托架固定的预制板

由于预制板的外框非常薄，很可能在强风中裂开，甚至整个围栏被吹倒。为了获得更好的固定效果，最好是使用专用的镀锌金属托架，它有两种常用类型：一体式单个 U 形托架，以及分离式一对 L 形托架。

一体式单个托架 在每根柱子的内表面标出一条中心线，然后用 50mm 长的镀锌钢钉将一对一体式的金属托架钉上柱子，一个靠近顶部，另一个靠近底部，需要钉得靠着中心线并且与柱子成直角关系。

分离式一对托架 将托架固定在柱子上，其中一个大约 25mm，在另一个之上，两者的凸出部分在相对两侧，互相错开。这种类型的托架提供了更强的抗风能力，因为交错的排布比单个托架的支撑宽度更大。

安装面板

无论是使用哪种类型的托架，最后都必须立起预制板并将其固定在托架槽中。当使用的是两片式的托架时，最好使面板靠到上方的托架之间，然后小心谨慎地沿轴向下转动，将面板也固定在下方托架之间。

如果使用一体式托架，也需要立起面板将其先卡进上方的托架，再轻轻将其嵌入下方的托架。

无论是使用哪种托架，都需要把预钻孔的凸缘和面板的薄外框用 50mm 长的镀锌钢钉固定在一起。

一旦面板被牢牢固定后，垫在下面的砖块就可以移除。

4 从将面板卡入上方两片托架之间的间隙，然后将其向下转动，并将其靠入由下方托架形成的空隙中。

5 将围栏面板设置在砖块上（或先安装围栏底板），使其不与潮湿的土壤接触。通过托架凸缘来固定面板。

6 接着，在地面上放置另一块面板，一端与先前固定好的柱子对准，在面板的另一端打入金属尖长钉。

固定面板围栏

切割面板

由于围栏不太可能全是用完整的预制板镶嵌，可能需要将面板适当切割，以嵌合某一边。将一整块面板放到空隙中，抵靠着柱子，一端与先前固定的面板重叠，用铅笔在抵靠着的面板上画线标记重叠的部分。在重叠的一边使用起钉锤将面板的板条撬起，使用板锯将面板多余的边缘部分锯掉。最后，如往常一样，使用钉子或托架将切割后的面板安装在立柱之间。

处理坡地

由于围栏面板的结构不能很好地随坡地而建，因此要以台地建筑的形式在垂直立柱之间竖立（见第149页）。

如果每块面板底下留下的空隙最大没有超过150mm，可以使用成型的围栏底板来填充。对于更大的空隙，则需要使用砖块、混凝土块或天然石材建造勒脚墙。

如果坡地在拟建围栏处坡度明显，最好的解决方法就是建造砖石挡土墙，形成台地效果。往墙体嵌入柱子，然后如往常一样竖立起围栏面板。

安装格栅顶

如果想要增加围栏高度，例如为攀缘植物提供种植空间，可简单地添加格栅顶。在计算柱子需要的长度时，也要考虑格栅的高度，并固定面板，使面板顶部上方留出适当的空间。

如是使用重型方形格栅，可以把它的外支柱与围栏柱子钉在一起。如是使用轻型格栅，则应该把厚75mm的方形竖直木条钉到柱子的内表面，然后使格栅与之连接。或者，简单地将格栅直接与柱子正面钉在一起也可以。

使用混凝土柱

如果使用了预制混凝土柱，那么面板围栏则比较容易安装。这样的柱子侧面有符合规制的槽口，可以往其中插入面板而不需要额外的固定。

另一种类型的混凝土柱在每一侧都有凹口，在该凹口中，面板被钉在外框处的金属托架固定住。

一体式单个的围栏面板托架

一体式单个的围栏托架被钉在立柱的内表面。把预制板插入托架的卡槽中，再用镀锌钢钉固定起来。这种托架基本上有两种类型。

一体式单个托架

U形托架背部的预钻孔用于直接固定在围栏柱子上。凸出部分上的孔则是用于将托架固定在面板上。

围栏夹

围栏夹固定于立柱和面板的侧立框架，使两者牢固地拼在一起。

固定封闭式围栏

封闭式围栏可以利用分散独立的部件组装起来。柱子可以事先开好了榫眼，等待着榫接三角横档。还有一种更容易的方法，就是使用特殊的镀锌金属三角托架将三角横档妥善固定。

榫接口和三角横档的处理工作

在柱子上标记榫接三角横档的榫眼位置。三角横档应该在距离围栏顶部和底部约 300mm 处设置，通常由经过防腐处理的软木制成，端部削成能接入柱子榫眼的形状。用钻头在柱子上钻出长 75mm、宽 25mm 的榫眼，然后用木凿把边角凿整齐。

安置带榫接口的柱子和横档

将第一根柱子的榫眼朝着围栏走向的方向，将第二根柱子置入挖好的洞中，然后把第一对三角横档插入两

固定三角横档和榫接柱子

三角横档

镀锌三角金属托架钉在三角横档上，其带有预钻孔的凸缘则附着在围栏立柱的内表面。

榫接柱子

带有榫眼的柱子与端部为楔形的三角横档接合，再使用钉子固定两者。

根柱子的榫眼中。保证横档的平坦背部贴着围栏的后部，将 75mm 长的镀锌钢钉从柱子钉入到横档固定。

竖立封闭式围栏

1 将第一根和第二根柱子固定在混凝土孔中，然后将三角横档接入柱子榫眼中，再用水准仪调整精确度。

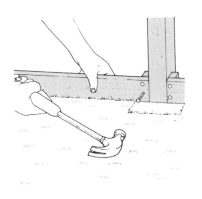

2 将宽 150mm、厚 25mm 的围栏底板与固定在柱子内表面的短木块钉合在一起。

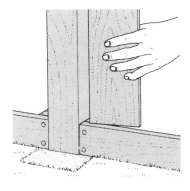

3 将第一块木板设置在围栏底板上，木板一边较厚一边较薄，其较厚的一边抵靠着柱子，而顶部边缘要与设置在两根柱子之间的参考线对齐。

固定封闭式围栏

使用三角托架

切割长度合适的三角横档，安装在两立柱之间，然后钉上金属托架，这些托架的形状嵌合横档的三角形部分，也有适合安装在柱子上的凸缘部分。

连接围栏底板和围栏板条

往柱子内表面垂直钉上横截面为 35mm² 而长度为 150mm 的方木，作为围栏底板的支撑。每块围栏底板需与柱子的外表面齐平。

在柱子之间连接一条细绳作为围栏板条的顶部参考线，然后将第一块板条放在围栏底板上，其中较厚的边缘抵对着第一根柱子。将两个钉子分别从上方与下方的三角横档与板条钉在一起。

将第二块围栏板条置于围栏底板上，与第一块板条的薄边重叠 12mm。每一块板条都要与三角横档钉在一起，还需要用水准仪垂直靠着板条的外框来检测其垂直性，有必要时进行调整。

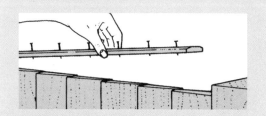

使围栏抗风雨化

安装盖顶条形板

盖顶条形板能使雨水泻离围栏表面。切割数段适宜放在两根柱子之间的斜面盖顶条形板，并把它们设置在围栏板条的顶部。以一定的间隔将钉子从盖顶条形板的顶部钉入，与木板钉合在一起。

安装柱帽

为围栏柱子的顶部钉上柱帽，柱帽比柱子稍宽，这样有利于雨水泻开而不是直接流到柱子表面，而且可在一定程度上防止柱子顶部受到腐蚀作用。

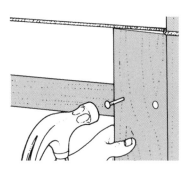

4 用两个钉子钉合木板和上方的三角横档。检测木板的水平性，然后再在下方的三角横档处钉入另外两个钉子。

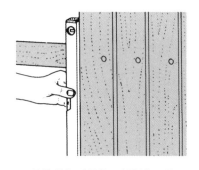

5 继续增加后续的围栏板条，使用水准仪检查板条是否处于垂直状态，并用锤子轻轻敲击进行调整。

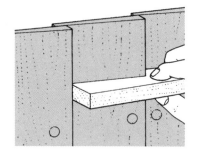

6 使用木料制作间距标尺，用于使每块木板始终与隔壁的木板重叠距离一致，使用方法是拿着间距标尺从木板顶部开始，从上向下滑。

尖桩式围栏

尽管有现成组装好的尖桩木板可出售，但你可能更倾向于从零开始打造这个有趣的边界，以便可以改变设计来适应花园。

锯切大小适合的板条

使用混凝土或金属钉将 75mm 宽、50mm 厚的柱子固定在地面上，每两根柱子相隔约 1.9m 到 2.7m 之间。锯切 50mm 宽、25 mm 厚的软木，横跨在柱子之间。

固定尖桩板条与横档

每固定一块尖桩板条，都要使用两个 30mm 长的镀锌钢钉，呈对角排列的形式与横档钉合。

使用一块木板作为间距标尺，宽度刚好是两尖桩板条之间所需的空隙。将间距标尺放置在每一处空隙中，顺着你前进的方向钉上尖桩板条，给横档每端留

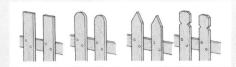

常见的栅栏板类型

四种常见的栅栏板分别是方头类型、圆头类型、尖头类型和装饰感更强的多边形平头类型。整个围栏中可以只是用一种类型的栅栏板，也可以两种类型或多种类型的栅栏板交替使用来创造更个性化的设计。

出大约 100mm 的凸出部分，以便将其与柱子固定在一起。

安装尖桩板条与横档组件

将尖桩板条与横档组件抵靠着柱子，固定在下方的砖块上，把上方的横档两端钉入柱子中，保证正确水平设置后，再将下方的横档与柱子钉合。

尖桩围栏

1 将三角横档和尖桩板条平放在地面上进行组装，使用间距标尺来确定板条的位置。

2 每块尖桩板条与每块三角横档都用两个钉子钉固。使用水准仪检测横木的水平度和尖桩板条的垂直度。

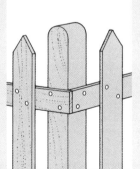

转角位置

无论是牧场式围栏还是尖桩式围栏，转角位置都可用一样的柱子连接两部分。固定好横木，一边伸出的横木会与另一边伸出的横木在转角处交叠，在连接口钉上钉子以防止分离。

固定牧场式围栏

牧场式围栏具有很强的灵活可变性，形式风格多种多样，竖立方式简单直接。它可构成开放式的边界，一般涂成白色（有时是其他彩色），但通常会简单使用防腐剂处理来打造更自然的外观。

尺寸

牧场式围栏整体高度大概 1m 左右，有的可高达 1.8m。围栏由立柱和横档组成，立柱以有规律的间隔固定，横档是横跨在柱子之间宽 120mm、厚 20mm 的软木。

构成围栏的横档应有适当间隔，打造出美观的效果。例如，每两块横档之间留出约 100mm 的间隔，柱子顶部与第一块横档的顶部之间的间隔约为 100mm，而地面与最下方的横档底部留出的空隙更大。

竖立单个牧场式围栏

在地面上以 2m 的间距设置宽 125mm、厚 100mm 的主木柱，中间设立的柱子较小，比如横截面积为 90mm² 的柱子，大小柱子的组合创造出动人的节奏。

由于横档安装在立柱的外表面，所以立柱的精确排列非常重要：通过在立柱外表面放置一块长直木板来作为检验工具。

塑料制造的牧场式围栏

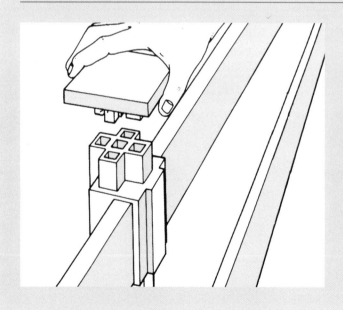

有多种塑料制造的牧场式围栏可使用，但由于这是一种可由回收材料制成的产品，因此首先可考虑购买由再生塑料制成的围栏套件。

装配细节会因所购买的围栏套件而不同。然而，大部分由混凝土固定而嵌入地下的空心 PVC 柱组成，当中有多孔塑料横板插入到柱子的槽口内，或者是经塑料套筒连接，塑料套筒本身通过塑料螺钉附着在柱子上。

塑料帽的凸缘只需简单地插入柱子的顶部。同样，在围栏结束的尽端，横木的空心端也有端帽。

固定牧场式围栏

固定第一块横档，使其一端与第一根柱子的外表面的一端齐平。将其横跨中间的柱子，然后把另一端固定在下一根主柱上。继续用另一块横档接上一块横档的端口，重复之前的操作。

安装横木板

钉钉子固定　木板可以使用 35mm 长的镀锌钢钉简单地钉在柱子上。在每一个接口处，需要使用两个钉子，其中一个钉子在另一个上方的 25mm 处。

旋入螺钉固定　用螺钉将横木板固定到柱子上会比钉钉子的方法更安全，但旋入螺钉需要花费更长的时间。请一个帮手来将横木板抵靠着柱子，再用铅笔标记它靠着柱子的位置。把横木板撤走，使用螺旋钻头钻孔。如果是使用埋头钻打造沉头孔，这样螺钉头就能够凹陷进去。再次将横木板放置就位，插入螺钉并用螺丝刀拧紧。

双层牧场式围栏的建立方式与单层的相同，只不过同样的横木板在柱子的两面都有设置，两面的横木板的安装互相错开。

给柱子开挖槽口

通过对柱子开挖槽口来接合水平横木，能构建出更耐用和更坚固的牧场式围栏。在固定柱子之前，先将柱子放置在地面上，再在合适的位置放置横木板，在柱子的一个面上用铅笔标记出横木板将要插入的位置，再移走横木板，在铅笔线内将废木料凿出来，形成槽口，然后测试横木板与柱子的贴合程度。

双层牧场式围栏

1 用螺钉或铁钉将横木板固定到主柱或中间的立柱，确保横木板处于水平状态。

2 交错排列的横木板之间的接口要错开，避免在一根柱子上出现连续的接口线。

固定金属丝网围栏

金属丝网围栏是作为边界标记或限制动物进出的一种设施，在木柱、混凝土柱或钢柱之间延展开来。金属丝网可长卷购买，大多数出售的网状围栏套件一般还会包含所需的硬件和柱子。

金属丝网围栏比木围栏要便宜，而且对视线割裂的影响最小。丝网这种材料还有利于攀缘植物的生长，然而，你需要选择合适的植物品种，因为大多数金属丝网比起其他围栏材料显得比较脆弱。

对柱子的准备工作

混凝土柱和金属柱除了要固定在地面之外，还要使预钻孔与围栏的走向相符。木柱（应该使用防腐剂预处理）必须在将它们沉入地下之前做好钻孔工作。记下围栏所需柱子的高度，包括柱子突出丝网顶部约100mm 的距离也算进去。标记固定丝网的孔位，使用直径 10mm 的木用钻头在标记位置钻孔，并使用防腐剂对孔进行处理。

支撑最外围的立柱

首先是竖起直立的柱子，等待水泥完全硬化。为每根需要用到的斜撑挖一个洞。斜撑的长度裁切成与立柱相同长度。

要为斜撑标记切割的位置，先将斜撑抵靠直立柱的侧面，并把斜撑底部靠于放入洞里的砖块上。用铅笔在立柱侧面标记斜撑抵靠所需的正确切割角度。沿着铅笔画出的线锯切，然后再将斜撑再次抵靠到立柱侧面。

在立柱的一侧标记一个约 20mm 深的凹口。沿凹口位置线锯切后，使用木凿将多余的木头凿掉。将斜撑削好角度的一端靠入立柱的凹口，并用两个钉子钉紧固定。

往柱孔中浇筑混凝土来固定斜撑（有关混凝土立柱的使用说明，见第 136 页）。

首先是设好主立柱，然后将尺寸一样的斜撑靠入立柱的内侧面，位置距离立柱顶部约150mm。再使用两个钉子从两侧将斜撑与立柱钉紧固定，防止两者散开。

固定金属丝网围栏

将张拉丝网的主要立柱设置在混凝土中，使底部的柱孔比顶部的要稍宽大，以缓解丝网张拉的绷紧状态。将对角撑臂靠着外侧立柱安装（见第146页），然后再竖立起中间的柱子，这对角撑臂削减了丝网拉紧所产生的压力。

在坡地上建立网状围栏

尽管网状围栏能对场地灵活适应，可以应对地面的小起伏，只需将网底设置在稍高于地面一点点的位置即可。但是，它不适合直接建立在陡峭的坡地上，在这种情况下，你需要根据坡度建造一系列台阶。

在坡地上，捆绑丝网的柱子每一边都需要设置撑臂，为每个方向提供支撑。对于钢筋混凝土柱，你可能需要根据坡地的规划来向供应商订购特制的柱子。需要注意的是，这些柱子长度要比较长，可应对不同的水平高度之间的差异。

捆绑金属线

吊环螺栓是用来协助将金属线捆绑到立柱上的，螺栓需与木撑托架安装在一起，这样可以保持金属网沿着一致的高度拉紧。将吊环螺栓插入立柱孔中，并用木撑托架及垫圈在另一端连接，此时先不要拧紧配件。将金属线穿过吊环螺栓，使用钳子将线扭缠拉紧。

安装松紧螺旋扣

可以在吊环螺栓和金属线之间安装松紧螺旋扣，以便更容易调节金属线的张力。要安装松紧螺旋扣，可将金属线穿入螺旋扣一端的圆孔中，并将螺旋扣的另一端钩在吊环螺栓上。在围栏丝网张紧弄好之前，不要急于拧紧螺旋扣。

拉紧金属线

将金属线拉到围栏的另一端，然后从金属线卷上

架设金属丝网围栏

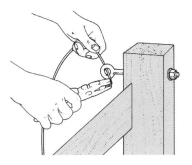

1 将一个吊环螺栓安装到立柱上，不要将其完全拧紧，然后把金属线穿孔而过，用钳子绕两圈绑紧。

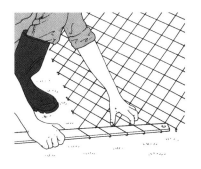

2 将一根直木条从丝网的末端穿入，然后将其与相靠于吊环螺栓的托架连接起来。

3 使用扳手拧紧螺栓上的螺母或螺旋扣，以此拉紧金属线。

固定金属丝网围栏

剪断，注意要记得预留 150mm 的额外长度，用于捆绑到立柱上。将另一个吊环螺栓安装在该侧立柱上，然后将金属丝穿过螺栓眼，再缠绕紧固。利用活动扳手从松紧螺旋扣或其中一个吊环螺栓处开始拉紧金属线，均匀地拉紧金属线的每一端。

安装固定金属丝网

往金属丝网的边缘塞进长木条，令金属线保持绷紧。穿入丝网侧端的长木条将用托架固定，该托架与吊环螺栓连接到一起，然后再用扳手拧紧螺栓。

沿着围栏的长度将网张开，抖动着把它铺均匀，再剪出短短的金属线，用其把网和顶部拉紧的长条金属线捆绑固定，可使用钳子作为绕线工具。在围栏另一侧，将第二根长木条植入，并使其刚好抵靠着立柱。

架起金属丝网作为种植支撑

金属丝网可以在彼此独立的立柱之间水平拉伸，能够为攀缘植物提供生长空间。

使用边长为 75mm 的防腐木作为立柱，能够不对植物造成危害。用斧头将立柱底部削成尖端，然后用大锤将它们垂直打入离地面约 900mm 的深处。

为了抵消丝网的张力和不断生长的攀缘植物的重量，应为立柱提供支座作支撑。支座应该埋入地下，先是挖洞，然后往洞里放入一块砖或一块大石头，楔入支座，最后是覆土掩盖。

在张开的丝网中间以 1.2m 的间隔竖立横截面积为 75mm^2 的方柱，以便较好撑起整张网而不下垂。

在其中的一根靠边立柱上钻出直径 10mm 的小孔。往小孔插入镀锌螺栓，并用垫圈和螺母固定。将粗细为 2.5mm 的镀锌金属线或涂塑金属线穿入小孔，绕缠固定。

固定好张拉在中间立柱上的金属线：用钉子将金属线固定在立柱上，但不要钉得太死，以免螺栓对它们起不了调节松紧的作用。

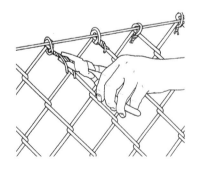

4 按一定的间隔往展开的网与横拉的金属线之间缠绕一小圈又一小圈的镀锌金属线作为固定，这样可防止网下垂。

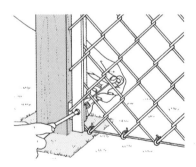

5 在围栏的另一端，将另一根直木条穿入并与相应的托架连接。

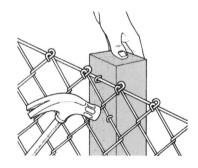

6 当丝网拉紧时，用固线钉将丝网固定于中间立柱上。

坡地花园的围栏

如果地面非常不平整，通常就要建造阶梯式的围栏或墙壁。本书第 123 页介绍了计算坡度的方法。

结构分级

在倾斜的地面上，最好为刚性的面板围栏打造一个阶梯式的地基。垂直设置围栏柱子，令这些柱子顶部连起来形成与坡地一致的斜率，使用水准仪进行检测。将面板固定，对于面板底部与坡地之间留下的三角形缺口，则重新切割另一块面板，适应其形状来填补。

地基分级

要在坡地上的面板围栏下方或砖石墙下方建造支承底座墙，首先必须要建好阶梯式混凝土基底（见第89 页）。从坡地顶部开始，一级一级浇筑条形基础。

当第一级形成后，将模板向下移，浇筑下一级，

在大区域内测量坡度

将一根短测杆固定在坡地的顶部，再在稍往下的坡地面放一根稍长的测杆。在两测杆的顶部横跨放置一木板，并在木板上放置水准仪，调整其中一根测杆的深度，直到水准仪显示木板处于水平状态。然后将第三根测杆放置在再往下的坡地面，如上操作，然后测量各段的垂直尺寸并相加，别忘了减去坡地顶部设置的第一根测杆的横木块的高度。

以此类推。将混凝土静置硬化后，再建造支承底座墙。

坡地上建围栏

柱子与横档接合的围栏在坡度较大的地面上也能建造，依然是将柱子垂直竖立，然后根据坡向设置横档。垂直镶嵌围栏面板，其底部要切成与坡向一致的斜面。这些面板长度并不均匀，但必须是垂直设置的。

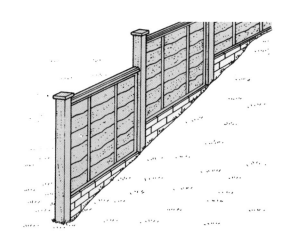

设置的刚性围栏板与坡地之间留下的三角形区域用碎石板、经切割的围栏板或砖砌底座墙来填充。

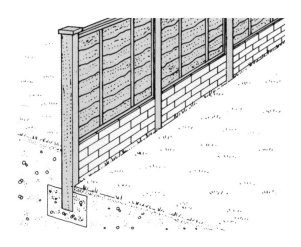

沿坡地建造一堵挡土墙，然后在其上方竖立围栏。

固定格栅

格栅本身可作为一种轻量级围栏来使用，也可以靠墙固定或固定在已有的围栏上，作为攀缘植物的生长空间。

格栅类型

标准格栅板 标准格栅板的规格通常是高 1.9m，有多种宽度可选，常用防腐剂做了预处理。

可伸缩格栅 以折叠的形式出售，拉伸开的格栅板呈现的是菱形图案。

扇形格栅 由三根或四根立柱并排布置在底部，展开形状为一个比较宽的扇形。这种类型的格栅适合靠墙固定，为种植单一品种的攀缘植物提供支撑。

固定格栅

一些格栅板本身已有用于靠墙固定的预钻孔。要将格栅板固定到墙壁上，首先是确定好格栅板的安装位置，并在螺孔位置作标记。先放下格栅板，在标记位置钻出墙孔，推入壁塞，然后可安装格栅。

当需要重新油漆墙壁或用防腐剂喷涂围栏时，固定在墙壁或围栏上的格栅板可能会成为一个阻碍。解决这个问题的一种方法是将格栅板铰接到墙壁下部，并使用简易钩将其与墙壁顶部连接。那么一旦有需要，你只需松开吊钩，将格栅板从墙壁向下旋转即可。

自制轻质格栅

要制作固定在围栏顶部或墙壁顶部的菱形轻质格栅，首先在地面上绘制正方形或长方形区域。对

宽 25mm、厚 6mm 的软木进行锯切，然后把它们呈对角线铺排在标记的区域。板条之间两两相隔 50～75mm，并且保持平行。

锯切更多的木板条，将它们也呈对角线形式铺排，但与第一次铺排的木板条方向相反，从而组成菱形图案。在木板条的交叉处锤入 12mm 长的大头钉，然后将格栅翻转过来，把穿过背面的大头钉敲击成稍微卷曲的形状，以防止板条之间互相窜动。

将格栅钉在一个轻质薄木框架上，以获得额外的支撑，然后将整个框架连接到围栏柱子。

靠墙固定格栅

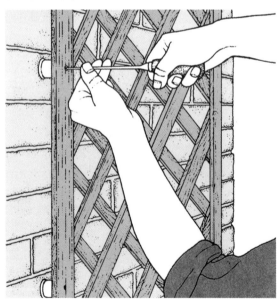

用螺钉将格栅固定在墙壁上，在格栅与墙壁之间垫上棉线轴作为间隔，为植物留出缠绕生长的空间。

建造植物撑架

种植攀缘植物能增加植物种植空间的层次感，还能营造色彩丰富的视觉效果。为了生长良好，攀缘植物需要一些支撑。植物可以攀上墙壁上或围栏上生长，但还有其他更美观实用的撑架结构。

拱门 质朴的拱门特别适合被金银花、蔷薇或铁线莲覆盖。落叶松木（喷涂木材防腐剂可延长使用寿命）能够较易地根据形状需要拼合成拱门。

藤架 藤架是一系列拱门连起来的组成形式。使用自然质朴的木柱作支撑，以麻绳将攀缘植物的茎绑在藤架上。

三脚架 在平坦的小花园中，松木制成的三脚架可用于支撑花床中的攀缘植物，从而为植物提供了高度上的延伸空间。只需将经处理的木杆敲入地下60～120cm，然后用绳子或金属丝将它们的头部捆扎稳实即可。

柱廊 柱廊由一系列垂直柱撑起，每两根柱子相隔1.8～2.4m，之间由一条或两条粗绳连接。如果要使整个构筑看起来效果不错，那么在柱廊上生长的植物要有规律地分布。

树木 如果已度过最茂盛时期的树木能够让攀缘植物在其上面生长，那么这些树木将会重新焕发生命力。

铰接格栅

使用黄铜铰链将格栅底部与宽5cm、厚2.5cm的板条铰接在一起，再用翼形螺母在顶部位置与另一板条固定。

连接金属线

为了支撑墙壁上的植物，使用螺钉以30～45cm的间隔沿水平方向拉接金属线。

园门

无论是想要一个园门来限制小孩子或宠物到花园中捣乱，还是纯粹想要得到美化效果，抑或是打造安全感，总有各种材料和各种款式的类型供选择，但需要花心思挑选适合的设计。

园门

木门风格各异，适用于绝大多数的场地。

前门 前门是园路小径与花园的临界点，同时起到限制儿童或宠物的行动范围的作用。这种类型的门通常设有一对侧立柱，横跨着水平栏杆，比较适合的高度是 900mm 或 1.2m。

侧门 侧门的外观通常比前门朴素，高度约是前门的两到三倍。侧门常采用的是直拼乙形撑门类型，是用一根木条沿对角线与三根横木钉合，再在包层使用薄翼木板或企口板。

车道入口门 要占据约 3m 的车道宽度，可以安装两扇标准规格的前门，但对于比一般车道入口更大的宽度，你可以选择不同形式的门。例如，一对直立柱之间水平横跨了五道等间隔的木杆，并在背后沿对角线钉上另一根木杆以防门体松垂，这组成的就是常

门扇类型

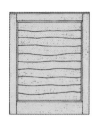

波状图案的门板
与波状边缘的围栏相协调。

编织图案的门板
与编织形状的围栏相适应。

木桩门
对角线支撑是尖桩木围栏的理想加固构件。

菱形图案的门扇
适用于朴素风格的前门。

装饰华丽的金属门
最适合打造一个美观大方的前入口。

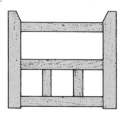

常规木门
适宜作为前门，下方使用了胶合填充板。

见的五杆门。

门用硬件

大多数门没有配置门闩、铰链或其他硬件，必须单独购买。选择表面是黑色亮漆或亚光黑漆的配件，漆面能够防锈蚀。也可选择镀锌的金属配件，这类型配件具有更强的抗锈性，如有需要，还可配合门的颜色重新涂漆。

带式铰链 双带式铰链的端部有一个预制环，可钩到匹配的钩子上，而这个钩子要么是被锤入侧柱中的，要么是嵌在砖墩的砂浆接缝中。

T 形铰链 T 形铰链是最简单的门铰链类型，它包括一块用于连接到木门柱的旋入式铰链片和一块用于连接门上横木的狭长形铰链片。

钩带铰链 利用这种重量级铰链，可以把一个旋入式的铰链销与固定在门上的金属带连接起来。

可逆铰链 可逆铰链是一种使用时可自由选择方向的铰链（因此设在门的两侧）。

萨福克式门闩 萨福克式门闩主要用于高大的门、侧入口的门、全包封闭的门或企口接合的门，在其上带有一个可旋转操作的门扣。

自动式门闩 它包括了一个拧合在门的最上一根横木内侧面的钩子，该钩子与连接在柱子上的门闩相连：当门被拉上关闭时，门闩就会锁紧。

弹簧闭门器 这个斜接在门后的金属弹簧，处于适当的张紧程度，若人把门打开后再放手，该金属弹簧能将门推回关闭的位置，使门闩锁紧。

闸门锁定器 为了保持门处于打开状态，一种配有旋转门扣的固定装置可设于地面，定点在门推开后的位置，与一个环相扣。

门窗钩 门窗钩可以使门在打开的位置定格下来。门窗钩包含一个与金属片相扣的细长金属钩，固定在门上。另外，金属片是用螺丝钉固定在柱子或墙壁上，带有一个环，是用来扣住金属钩的。

安装门柱

固定门柱

虽然门柱可以与围栏柱一样以同样的方式在混凝土中设置，但最好将门孔与混凝土结合成一个整体。这能使单根柱子不容易松散，从而减少了门开合时被卡住的可能性。

分隔门柱

要在门柱之间设定正确的宽度，可先将门平躺于地面，并将柱子分放两侧，与门框之间留出6mm 的间隙。在门和柱之间用硬纸板包层，然后临时钉上木板条，与柱子的顶部和底部位置连接，中间部分则用另一块木板条呈对角线钉固。将连接好的柱子组件立起来，放入已挖好的柱孔中。在浇筑混凝土时，要保持柱子处于垂直状态。

在柱孔之间挖一条深约 300mm 的沟槽，往槽底加入碎石子，用混凝土覆盖表面。等混凝土静放几天硬化后，再把门安装。

车道入口的门柱

一道厚重的车道入口门需要结实的柱子固定，以免门体结构松散。在开口的一侧可以使用常规的围栏柱固定件，但是对于铰链的一侧，最好是挖一个超宽的孔，然后在柱底附近平置一段木头，作为柱子固定的配件。

门的建造

框架组件

一对宽 100 mm、厚 50mm 的硬木（或以刨过的软木作为较便宜的替代）作为门梃，顶部和底部各有一段宽 75 mm、厚 40mm 的木材与门梃榫接。在门梃之间还呈对角线钉了一根宽 100mm、厚 19mm 的木条作为加固。而门框内的填充材料可以是一排垂直企口板、网格图案排列的薄板条或者普通胶合板。

标记连接口

切割出一定长度的门梃，并把顶端稍微削成斜面，

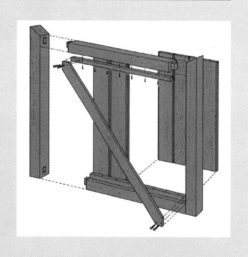

建造前门

建造入口前门可用简易的榫卯外框架，框内填充板条，再用木板条对角钉固来完成。用硬木建造能够有效抗风化，也可以使用涂漆的软木。

以便雨水流走。顶部和底部的横木条也要切割出合适的长度，横木两端削成短榫头的形式，这些短榫头需要能够嵌入在门梃中挖出的榫眼。

为了削出合适的榫头，首先切割好顶部和底部横木的长度，然后用尺子和刻刀在木材上标记出适当的方形。为了确保准确性，可以在横木上使用榫规框出榫头的线条。利用榫规中的两口钉，设置榫头的宽度：12mm。然后将横木竖直放置在虎钳中，沿两侧划出平行线直到穿过木条顶部。在横木的另一端和另一根横木上也是以这样的方式操作。

制作榫头

将横木夹在虎钳中，使其与你成 45°角。水平拿稳开榫锯，沿画线将废料锯掉。再把虎钳中的横木翻转过来，从另一个角锯切。将横木竖直放置，锯掉留下的边角废料，对榫头的另一侧重复以上操作，全部的四个榫头也是运用同样方式来完成。

制作榫眼

将门梃并排放置，内侧面向上，并用方尺作为辅助工具，在距离顶部 10mm 和底部 25mm 的位置画线。将榫头靠到门梃，与铅笔线对齐，并标记榫头的宽度。将线连成方形，然后使用之前设置为 12mm 宽的榫规画线，定下榫眼的宽度，其他三个榫眼也是这样操作。

一般来说，榫眼是使用榫凿凿出来的，或者可以使用安装在电钻中的直径为 12mm 的螺旋钻头钻出。

▼ 单独的一个花架可以成为
花园的焦点，例如下图中，
当你走过花架下花团锦簇
的小路时，还可在尽头闲
坐小憩。

▲ 坡形地是打造水瀑所必需的地形。如果花园中没有天然坡地，人工堆坡也很容易。

◀ 池塘有各种形状和大小可应用到各种环境中，要适当配置硬质景观和种植设计。

只有当水泵足以释放充足的水量并释放到一定的高度时，喷泉才有观赏性。▶

门的建造

组装框架

擦去接头处的灰尘，处理干净后在榫头上涂上聚乙烯醇（PVA）木工胶。将榫头插入榫眼，并使用一对门窗钳夹器夹住整个框架，使门梃木向内拉紧。检测横木和门梃木是否成90°的内角：如果没有对正，可以重新调整框架位置来纠正。

对角斜撑从顶部一角连接到底部一角，要将超出的部分切掉，确定好位置后与填充在内框架的面板一起钉牢。

安装内门框

切割两段边长为12mm的方木，将它们水平置于门梃木之间，再切割另外两段木材，分别用于钉在先前的两段方木之下。

将内门框与各个角落对接好，用25mm长的防锈埋头木螺钉固定。

如果包层材料要安装在顶部横木和底部横木之内，那么就将门板从前往后安装，确定好使用材料的厚度。如果你想要包层材料突出到顶部横木表面上，如是安装装饰性较强的面板，那么这时则需要将内门框设置得与门的正面齐平。

将对角斜撑用螺栓固定在内门框的背后，还要将门翻转到正面，在包层材料钉紧钉子。

固定包层材料

包层材料可以用35mm长的镀锌无头钉来固定，

为门安装铰链

1 在柱子或砖石墩之间安装门扇，每侧留有6mm的间隙，下方距离地面50mm。

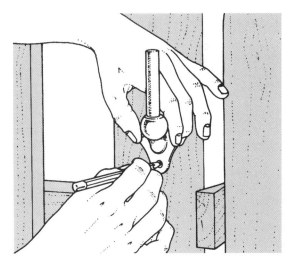

2 先将铰链带安装到门上，固定好，把稍下方的铰杯与铰链钉拧在一起。

门的建造

宜使用宽度为 50mm、75mm 或 100mm 而厚度为 19mm 的软木作包层，每块软木用两个钉子钉固在内门框，还要绕着门框每隔 75mm 的距离钉上钉子加固。

铰合门扇

在把门扇安装在柱子之间前，检测当门扇打开时，下方是否有足够的开合空间。如果下方已有足够的空间，就可把门扇安装在柱子之间或砖石墩之间。门扇在安装时要被提高到离地面 50mm 左右。

门扇如何与门柱铰合，由使用的铰链类型决定。

T 形铰链 将门扇摆好在要安装的位置，然后把铰链沿顶部和底部横木固定就位，并对螺孔位置进行标记。把门扇先撤下，再钻孔，然后将铰链的长翼片安装固定好，再次把门扇提起到门柱侧，并与铰链的

安装弹簧装置

这个装置用螺丝钉安装，连接了门柱和门扇装有铰链的一侧，这样在门扇打开后，弹簧器会把门拉上关闭，自动闩锁也会合上。

窄翼片拧紧加固。

带式铰链 在钻完所需的螺孔后，将铰链的带状部分连接到门上，然后使门与柱子连接。在柱子上标记钩子所需的螺孔，然后拧上钩子。

可逆铰链 在柱子之间固定好门扇，连接铰链片，将底部铰杯拧到柱子上，然后固定顶部的铰杯，把铰链钉拧紧。

3 固定好位于上方的铰杯。要注意，对角斜撑的底角位于铰链一侧上。

4 自动门闩用螺钉安装在门柱上，其锁杆连接到门上，还装有一个手动开关可用于锁杆释放。

使用错视手法已成为一种艺术形式。在花园的设计中，这种手法的运用大多数情况下是想使整个花园看起来更大。通常有四种实现方式：视错觉（通常会用到格栅）、镜面、壁画和假物。

格栅

越过图中格栅看外面的景色，景色若隐若现，那里的空间其实很小。举个例子，绿绿的常青藤攀爬在一面深色的墙壁上，就能营造一种距离感。

镜面

镜面可用在狭窄地方中扩大空间感。在右图所示的例子中，镜子被嵌入了月亮门中，它还可以设置在远离月亮门之外 1m 左右的墙中，这样看起来似乎是在暗示着墙壁之后还有路可走。加上镜面反射的映像，整个空间看起来是实际的两倍之大。

假门

假门能够营造很好的错视效果，给人一种花园远不止实际大小的印象。在右图的例子中，门上嵌上了四面菱形小镜子，看起来似乎是门的那一边还有另一个花园。

壁画

壁画应用在室内和室外的效果都很好。在右图中，一个地下空间被颜色鲜艳的油漆绘画成的简单壁画来改造，搭配上真正的盆栽绿植，形成了趣味的构图。

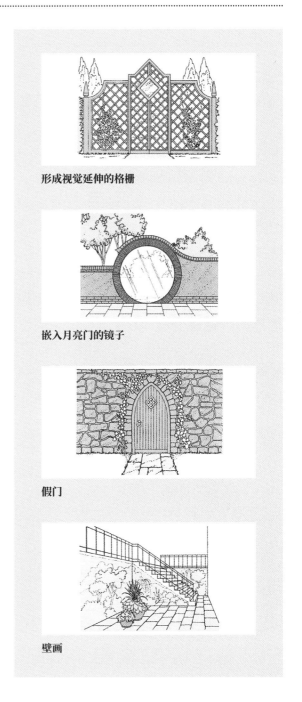

形成视觉延伸的格栅

嵌入月亮门的镜子

假门

壁画

种植池

种植池不必一定要建高，即使只是色彩鲜明的矮花坛或略微隆起的草坪，也能为整个设计增加趣味性。

种植池的材料

被抬升的种植池起到对花园进行区域划分的作用。同时，被设计成不需要人弯腰就能接触到的种植池，对老年人或行动不便者来说是一种人性化的设计。

种植池可由多种材料打造，材料的选择通常取决于花园的风格。例如，对于一个规则式的露台花园来说，整齐划一、棱角分明的砖砌种植池是理想的选择，可能是靠着一面砖墙来堆砌，也可能是在地面上独立砌合。选择二手砖并把种植池边缘塑造成曲线形状，能够削减整体的锐利和硬质感。

如果想打造一种更自然的效果，例如一个乡野花园，竖起木围栏或堆砌干石墙更合适。木围栏可以使用经抛光和防腐处理后的木材来制作，连成一个坚固的框架后再插入土地中。自然石墙总是显得比较粗犷而随意（见第 132~133 页）。表面有裂缝或露骨料的再造石拥有天然材料的外表面，同样适用常规性的砖砌法。

无论选择了什么材料，最后都应该种植大量的植物来柔化种植池的硬质感，要么让生长的植物溢出种植池的边界，要么让植物从石头间或木头间生长出来。

半圆滚木材围筑的种植池

一些商家存有预制的半圆滚木材，它们背部平整，

建造由半圆滚木材围起的种植池

1 标记出种植池的区域范围，沿其周长挖出一条浅沟，作为半圆木嵌入的边界线。

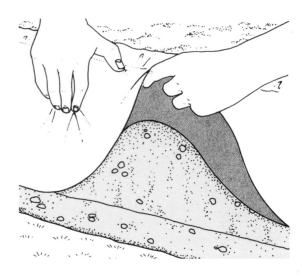

2 在沟槽内覆盖聚乙烯膜作为防潮措施。

种植池

可卷成一团，一般是用作花境的边缘，但也可以用来筑成较高的种植池或在台地种植区中起到分隔作用。

木卷中的每段木头的半径通常是 150mm、300mm 和 450mm，长度约是 1m。

滚木的优点是它灵活可变，能够塑造复杂的曲线。如要使用滚木来铺设边缘，首先沿小径、草坪或花境四周挖掘浅沟槽，然后将木卷展开，插入土中，再回填土壤将其固定。虽然这些滚木尚算比较耐用，但在其后涂上重防腐聚乙烯涂料是更为明智的做法，这能防止湿土对其进行直接侵蚀。

"铁路枕木"砌筑的墙体

在过去，一些花园中的构筑物常由曾作为铁路枕

3 将半圆木卷展开，置入沟槽中，并对沟渠进行土壤回填。

木的材料来打造。然而，这些枕木可能含有对人体有害的化学物质，因此它们在花园中的使用逐渐受到了限制。比如说，它们不能用于建造游乐设施，也不用于皮肤可接触的部分。此外，这些铁路枕木还会析出焦油或其他有毒物质，尤其是在天气温暖的时候。如今，一种新产品可作替代，类似枕木的木块在各大商家有售，它可以直接铺在地面上作为花境的边界、园路的边缘或其他构筑物的边界。单层木块的铺设可围成低矮的种植池，你也可以将其堆叠起来，建成较高的挡土墙。

互锁连接的木头

另一种砌筑种植池的方法是购买平整的圆面木头，边缘带有切口。将木头两两互锁连接，可以打造一个牢固的轻质结构，还能建成矩形、六边形或其他形状。由于是互锁结构，并不需要更多的加固操作。

种植池的周边

种植池周围环境的处理与材料的选择同样重要。如果花园已被规划好，能够方便工具设备进入使用，那么在被抬升的种植池的周围区域铺上铺装是一种理想的操作，这也能减少除去杂草的次数。

另外，在种植池的周边铺设草皮有利于种植池融入花园的整体设计中。种植池的四周也可以种起鲜花，这样能使其看起来像是被植物簇拥着一样。当然，场地中的园路需要适当转折，以便工具设备能够通过，进行定期的维护工作。

种植池

场地排水

为了防止植物的根部积水，必须要保证高地种植区的排水畅通。种植池中可使用建筑碎石作为铺层材料，但这种结构的问题在于可能导致土壤中的水分和养分过快地流失，从而剥夺了植物所需的大部分营养，并且导致需要更频繁地浇灌植物的麻烦。如要解决这个问题，可以在排水材料上铺设草皮，并使草面朝下。

种植池的挡土墙应包含某种形式的排水设施，以避免积水。将一根塑料管从墙体下部穿过墙体，使其稍从墙面突出，这样它就能作为排出多余水分的管道。在砖石墙上，直接不涂抹砖块之间的几个垂直接缝即可当排水孔，这不仅不会影响墙体结构的稳定性，还

建造由"铁路枕木"围起的种植池

当堆叠类似枕木的木块来砌筑种植池时，将它们的垂直接缝交错排列，就像砌砖块时一样。

一些制造商会生产微型版的"枕木"，它们通常会有一个或多个圆形面，外观更显自然。

将"枕木"水平放置，并把边角位置加固连接。

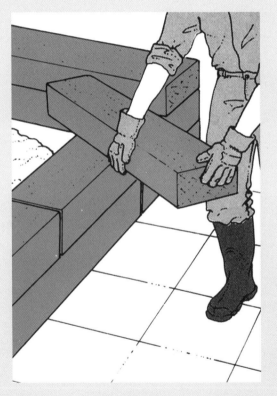

堆砌"枕木"以达到种植池所需的高度。将垂直接缝错开能使整个构筑更加牢固。

能保证墙体背面排水的良好性。

防潮措施

木结构除非经过了特殊处理，不然很容易会腐烂，所以在种植池建造的时候要做好防潮措施。

使用防腐剂进行彻底的喷涂是至关重要的步骤，而在墙体和种植池的土壤之间设置防潮屏障可以多提供一层保护。在木墙后使用聚乙烯也是一种防潮措施。

将聚乙烯薄片夹在木头与土壤之间，允许它在顶部和底部略微凸出，之后的种植的植物能够把它掩盖起来。

引入坡地形

对于一块平坦的场地，最彻底的做法是改变地势。这不仅仅是一种能够创造更多视觉趣味的手法，还是一种能构造出新种植区的方式。

在一块比较平坦的场地上建造挡土墙，可建成一排种植台地的形式。将坡地处理成台地有利于增强场地的可利用性，也有较强的可行性，还能创造出视觉焦点。在花园中，起伏的地形可成为植物躲避寒风和霜冻的屏障，因此很适用于蔬菜种植区，对作物进行有效的保护。

通过"挖填"的方法，你可以改变现有的地面水平高度。为了节省成本，挖土与填土的量应该相当。将多余的泥土运走或将新土搬运到现场，都可能是很昂贵的操作。这个过程包括从整个待塑形的场地中移除肥沃的表土，从场地的一个区域移除底土并将其移至另一区域，然后再将表土回填，注意不要把底土暴露在外。

重整土地能够塑造起伏有致的地形，通常来说还有利于改善排水，促进植物健康生长。切记不要对地面做太极端的改变，而是要做有利的调整。

地面的坡度不应超过30°，因为比这更陡的话，容易受到地表水和地下水的侵蚀。坡地形越平缓，所需的地面面积就越大，但要记住，越陡的坡，越难操作和管理。

使用滚筒式割草机能够较易地管理坡度为30°的地形。旋转式割草机可以应对更陡的坡度——最高可达45°。在陡坡上种植时，最好是通过一张被钉入土地中的粗网来种植，这能有利于水土保持直至植物根部发育。

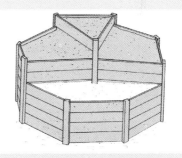

木板和木柱搭建的种植池

由木板和木柱组成的种植池可建在平地上，也可建于坡地。厚实的木板一块叠一块，然后用数根木柱支撑起来，建成装有土壤的"盒子"，可以将其塑造成各种形状，还可以做各种分格。

木制种植池

该种木制种植池为你提供了整洁的种植区域，还可以让你在不需要弯腰的情况下进行种植或维护工作。建造这样的种植池不需要复杂的木工连接技术，因为组件利用木框内所容纳的土壤的重量来迫使侧边的木板与支撑木柱互相紧实抵靠着。

建造木制种植池的预备工作

锯切宽 75mm、厚 50mm 的软木为支撑柱，宽 150mm、厚 50mm 的软木作为侧面木板。

搭建木制种植池

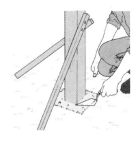

1 沿着所标记的种植池位置的周边设置柱子。

2 在木板上画切割线。木框内的土壤压力可迫使木板紧紧抵靠着木柱。

3 在木柱的后面放木板，木板应足够长，足以跨过相邻两根木柱的距离。

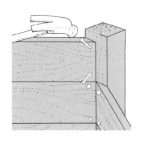

4 在木柱后堆叠木板并使木板平齐，然后使用镀锌钢钉将它们固定于每根木柱背部。

在花园设计图上绘制种植池的位置和大小，以了解它与其他构筑物之间的关系。按比例把图转移到方格纸上，这样便于计算需要购买的木材数量。画出侧面高度，可推算出种植池中各个分格的高度。

设置木柱和安放侧面木板

先确定好种植池的整体形状，可往地下打入矮木桩定位，然后在木桩之间拉线。下一步是挖柱孔，并在孔中加入碎石子。这时可把木柱插入孔中，保持垂直状态，再浇筑混凝土，让其静置直到混凝土硬化。

在每两根木柱背后放上一块木板，木板应比实际需要的稍长，然后用铅笔画出切割线。使用底板可调节的电锯将木板锯切成适当的尺寸。设置好底板的角度可使每块木得到较精确的切割。

依据标记切割木板后，再将木板置于一层细沙石上，该细沙石有利于把雨水迅速排走。底层木板的设置应比周边的水平高度低约 100mm，这样能保证土壤不会溢漏到园路或其他铺装地面上。使用水准仪，在每块放置好的木板顶部检测水平度，若木板放置不平，则用锤子的手柄轻敲至齐平一致。

堆叠木板至所需的最终高度，然后使用两个 75mm 长的镀锌钢钉以一定的角度在两端钉合固定。

完成种植池的砌筑

当木制种植池的外框架搭建好后，就可以开始将其划成多个独立的分格。在种植池的中间可设置木柱来支撑木板，还能将各个分格调整至不同的高度。

砖制种植池

搭建砖制种植池并不困难，按照砌砖的基本技巧即可（见第 128 页）。整个砖制种植池结构一般不会超过八层高，所以如不是特别松软的泥地，并不需要特别解决地基问题。这种砖制种植池适用于多种地方。

砖块与砂浆

要搭建一个八块砖长、两块砖宽、六层砖高的种植池，大概需要 100 块砖。砌筑砖块所用的砂浆，可以购买干燥的预拌混合物，加水搅拌制成。

如果是砌筑独立式的种植池，可选择颜色和纹理引人注目的面砖，也可以选择与花园中其他构筑物相似的砖块。

建造砖制种植池

干铺两层砖，不抹砂浆，但每块砖之间留有手指厚的间隙，检查砖缝厚度是否恰当和一致。

设置矮木桩，放线。使用角尺检测种植池的边角是否为直角。一次拿过来三块砖，然后把它们重新铺在砂浆层上。用抹泥刀的手柄轻敲第一块砖，使其与绳线对齐，令砖与砖之间的砂浆接缝厚度仅为10mm。用抹泥刀抹走接缝间挤出来的砂浆，并把这部分砂浆抹到第二块砖的另一边。以同样的方式砌筑第三块砖，然后再拿另外的三块散砖，以此类推，把它们砌在砂浆层上。

检查砌筑的砖块是否水平放置。第一层砖完成砌筑后，在其上面铺设第二层砖，令竖缝错开半块砖的位置。随着砖层的堆高，有必要使用测量杆（见第130 页）来检测砂浆接缝是否一致，并检查墙面是否出现弯曲情况。

砌筑种植池的墙面

如果所使用的砖块的其中一面有凹槽，砌筑时则应将这些面向上，在每层砖上抹的砂浆会把凹槽填满，这样能使砖层不容易移位。然而到了最后一层，要把砖块的凹槽面向下铺设，这样能得到一个平整的顶面。或者，沿着种植池的顶部砌筑一层形状别致的盖面砖，有斜面、倒角或圆形等形状，它们的砌筑方式与普通砖完全相同。

使砂浆接缝整洁

将多余的砂浆擦拭干净，保留整洁的墙面效果。静置四天左右的时间，待砂浆完全硬化后才能往种植池里添加土壤。

砖制种植池的旁边可多砌一个小平台，能够用作坐凳或作为架起种植器的底座。

建造藤架

木藤架为葡萄藤和其他攀缘植物提供了理想的生长环境。一旦植物妥善种植后，生长繁密的叶子底下能在炎热的夏天里为你提供一处纳凉的地方。

基本结构

藤架基本上是一个结实的木质框架，顶部是按一定间距横向排列的粗木条，形成一个半透的顶界面，下部是由高大的直立柱作稳固的支撑。藤架的其中一面可能是敞开的，或者是做成了格栅的形式。在柱子之间的空位，可以设置一些花园家具。

藤架常常需要额外的支撑来辅助攀援植物的生长，有多种选择：

格栅 预制格栅板或折叠式菱形图案的格栅与柱子钉固在一起，操作简易。

金属线 包塑镀锌线可在柱子之间、顶界面上或藤架下附加的栏杆之间进行拉伸捆绑，使用铁钉或螺钉来固定，形成辅助缠绕植物生长的支撑。

丝网 轻质的绿色丝网可以展开与藤架钉固在一起，利于植物攀缘生长。

顶界面结构

藤架的顶界面通常配有适合攀缘植物生长的支撑设施，有木杆、格栅、丝网或在吊环螺栓之间连接的金属线等多种形式。顶界面的主梁需要由足够结实的木材做成——宽150mm、厚50mm的木材较为理想，这样足以承受一个人的重量。有时候下雪天气的雪量较大，藤架也要能够承受住负荷。

纵横设置的木构件通常使用半接头的连接方式。

独立式藤架

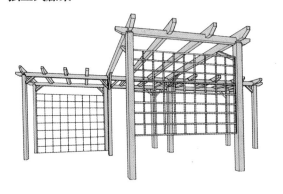

独立式的藤架提供了一个户外休息区域，植物缠绕在柱梁和格栅板上，也令其成为纳凉的好地方。藤架可以是单独的一个单体，也可以是两个或三个连接起来的组合体，配有休息坐凳、躺椅或烧烤台等设施，或者将其打造成花团锦簇、枝繁叶茂的步道。

附着式藤架

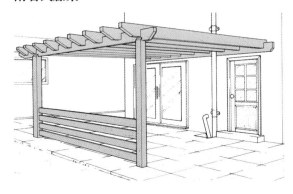

抵靠着房屋墙体建造的藤架可成为客厅、餐厅或厨房的延伸部分。在冬季的几个月份中，这种类型的藤架还能当作车库来使用，但底下的铺装要结实耐用。

对植物的额外支撑

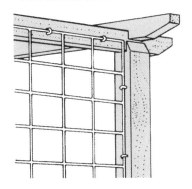

镀锌链环和塑料网可钉于藤架立柱或横木，支撑植物的生长。

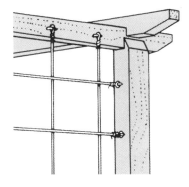

金属线穿过固定在藤架上的金属眼，以垂直、水平或交叉的方式拉伸。

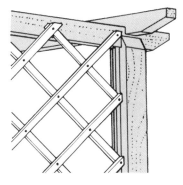

菱形或方形图案的预制格栅板经切割后，可被钉固于柱子。

这种接头方式是将其中的横向构件锯切槽口，锯切到木料厚度的一半，用于卡在纵向构件上，这样能使构件不易松散。柱子也常做成有缺口的形式，用于卡合顶界面的木料，或者是利用金属托架，使柱子与顶界面紧实连接。

如果藤架紧接着房屋墙体，则通常要用到结实的墙板，用螺栓将其固定于砖石墙，并以槽口卡合的方式与藤架顶界面连接。

设计

藤架的结构设计和尺寸都很讲究，否则整体看起来会不协调。藤架的形状一般是矩形或方形，它可以顺着园路的方向建造，也能建造在园路的转角位置，贴靠着围墙或围栏。藤架的建造可更精致丰富，例如使藤架的整体高度有所变化，协调于有斜坡穿过或有台阶上下的地方。

设计的亮点可通过很多细节实现。例如柱子的高度变化能使藤架看起来更有律动感。

粗犷自然的藤架外观通常比规则式的样式更受欢迎。使用完整而直立的树干作支撑，与攀缘植物相结合能够营造出自然朴实的效果，采用竹材也有异曲同工之妙。

当藤架的立柱采用的是砖石材料时，打造一个坚实的顶界面是必不可少的。过于单薄的上层结构会显得比例失调，看起来会令人不安。

藤架的入口可用多种方式来强调。一种方式是在入口两侧放置一对搭配恰当的装饰物，例如种植了灌木的盆栽、水缸、大花瓶或雕像。另一种强调入口的方式是在进入藤架的第一节构件上增强装饰性。

建造一个圆形的藤架也是很不错的，例如以鸟浴池、雕塑或小喷泉等园林小品为中心，用支柱连接着顶面的短木材，在外围按照大致的圆形轮廓来排列。

建造藤架

规划场地

因为藤架结构本身棱角较为分明，所以需要将其与具有直边的构筑物（例如园墙）对齐，避免出现尴尬的空隙。

藤架的位置会影响它在花园中营造的效果，还会影响使用功能，因此事先需要仔细规划。最好选择一个可以使藤架与周围环境融为一体的位置：例如，将其设置在由边界墙围成的角落，或者建在房屋墙体及其延伸部分形成的角落处，又或者是顺着墙体和围栏的走向建造，甚至可以附着在墙体和围栏。如果在房屋的旁边有一条通向侧门或后门的狭窄小路，可以考虑沿着这条小路立起一个藤架，使其变成一条花团锦簇的走道。

如果藤架上要进行葡萄藤或结果植物的种植，那么保证阳光充足是一个很重要的因素。藤架的其中一条长边应面向南边或东边（在北半球），这样能让植物在一天的大部分时间内接收阳光。避免将藤架设置在有高大的树木或建筑物遮挡的位置，也不要靠近几乎没有阳光照到的墙壁建造。

如果要在坡地或台地处建造藤架，要记得藤架的顶部需随着坡度做成阶梯式的结构，否则这个藤架会显得过于高大突兀。

安装墙板

对于其中一面要依附房屋墙体（或其他墙体）建造的藤架，需要安装尺寸为宽 150 mm、厚 50mm 的结实木墙板作为顶界面的支撑。

在墙体量出藤架顶界面达到的高度，最高约 3m，用水准仪和木板作对齐工具，并用粉笔画线标记。借助别人的帮忙，将墙板提起安到墙体的相应位置，使其底边与粉笔线对齐。用粉笔标记钻孔的位置，然后卸下墙板，使用直径 35mm 的钻头在墙体上钻出深约 115mm 的孔。

再次提起墙板并准确对齐，然后在钻孔中插入钢制螺栓。不断拧紧螺栓，直到能感觉到墙板已紧紧与墙体连接起来。

切割槽口

顶界面的木材可以卡在墙板顶部切割的槽口中。用铅笔和角尺标记每个槽口的位置，两端的槽口分别距离墙板边缘约 50mm，中间的其他槽口的间隔约 700mm。

如要使顶界面的木条略微倾斜，远离房屋墙体，则要使槽口的深度在前部约为 50mm，在后部约为 30mm。在墙板的前后两面都绘制一条水平线来表示槽口的深度。

用榫锯锯切槽口，然后用凿子铲掉多余的木料，一次性不要凿出太大块，以免破坏了槽口。在每个完成的槽口里放置木条来测试槽口是否锯切合适。

使用金属托架

如果是使用镀锌金属 U 形托架将顶界面木条与墙板连接，就不需切割一个个独立的槽口，仅需在墙板顶部标记好位置，在墙板固定到墙体后再安装托架即可。

放置好托架，对准其底部的预钻孔敲下钉子以完成安装。如使用了托架固定的方法，顶界面的木条则不能呈倾斜角度连接，除非将墙板切成斜面。

竖立柱子

把柱子切割成一定的长度，主支柱的顶部应有槽口卡合顶界面的边缘，而中间的支柱可以使用安装支架的方式，如同墙板的操作一样。

在每根主支柱的顶端，切割的槽口深约 75mm，宽度与顶界面的木条宽度一样。将柱子的方形顶部的两边削成斜面，便于雨水泻下，也更美观大方。

结合与墙板的关系将柱子的位置标记好之后，就可以将柱子竖立起来。通过在四个侧面放置水准仪来检测柱子是否垂直竖立，并根据需要进行调整。

安装顶界面的木条

量度顶界面木条的长度，允许其超出柱头约 150 ~ 300mm，并把两端削成斜面或做成极具装饰性的形状。

安装顶界面的木条，然后做好固定设施，通过往托架直立面的预钻孔敲入钉子来固定；如在没有使用托架的情况下，则直接在其顶部钉下可深入到墙板槽口的钉子。

添加横木

藤架顶界面中间的横木可使用较幼细的软木，尺寸一般是宽 100mm 、厚 25mm，两端削成斜面或具

建造附着式藤架

1 使用钢制螺栓固定墙板。

2 使用混凝土或专用固定装置将柱子支撑起来，使柱子顶部的槽口与墙板对齐。检查所有柱子是否垂直。

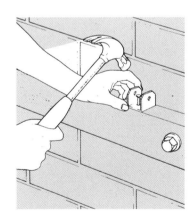

3 金属 U 形托架是一个可以把顶界面木条与墙板连接起来的最为简单的固定装置。将托架放在适当的位置，然后使用镀锌钢钉进行固定即可。

建造藤架

竖立支柱

将木柱埋入混凝土中，或埋入底部用混凝土固定的管道中，大概埋入 60cm 深，当柱子腐烂时要记得及时更换，并始终使用经防腐处理后的木材。

有装饰性，并超出藤架侧面约 300 ~ 400mm。

加固结构

为了加强牢固性，在顶界面和立柱之间倾斜钉上支撑木条，这可防止藤架结构在大风侵袭时扭曲变形。最好是使用宽度和厚度为 50mm 的软木，长度适当而一致，将其固定就位，嵌入顶界面木条和立柱切割的槽口，并使用钉子加固。

横木塑形

将顶界面横木的底面削成斜面，使其兼具装饰性和实用功能，可以通过在突出的端部刻画复杂的曲线来打造华丽的装饰效果，甚至可以通过钻孔的方式来创造镂空效果。要使用防腐剂处理木材的各个切割位置。

4 将顶界面木条的一端放入已固定的托架中，并往托架竖面上的孔中敲入镀锌钢钉来做固定。

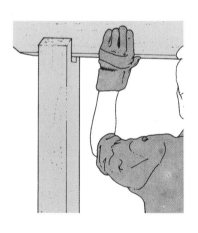

5 在支柱顶端切割的槽口中嵌入顶界面的主梁。将柱子顶部削成斜面以利于雨水泻下。

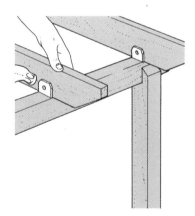

6 较细的木条可以与主梁互成直角地搭建起顶界面，它们可以使用金属托架或槽口卡合的方式来固定。

....

维护

当到了秋季要修剪攀缘植物时，要同时检查支撑它们的藤架是否有腐烂的迹象，或者是否受到昆虫的侵袭。如果可以的话，把攀缘植物先撤离藤架，再做彻底的检查。对任何受腐蚀的木材都要进行替换。新木材与旧木材的切割口都应使用无毒防腐剂处理。

建造凉亭

花园中的凉亭，最佳的位置应是场地的角落。一个雅致的凉亭本身就是一个独特的存在，凉亭中可能还内置坐凳和桌子，让人能一边休憩一边欣赏花园中的美景。一些攀缘植物可以生长在凉亭的侧边或种植在挂于横梁的吊篮中，增添几分生机。

一些凉亭建有坚固的墙、玻璃窗和门，而一些简单的凉亭可能只是以木格条作顶界面，用格栅板作墙体。

市面上有凉亭的系列套件出售，但使用常规的格栅和造围栏的材料来搭建凉亭也是很容易的。

往地下打入矮木桩并放线，标出凉亭在地面投影的形状——它可以是方形、矩形或更复杂的六边形。在角落的位置竖立起宽度和厚度为 75mm 的软木作为支柱，高度约为 2.1m。

使用宽 75 mm、厚 50mm 的水平横木连接支柱的顶部，并在角位斜钉木条加固。继续用同样的木条从四边搭接，汇聚于一点，形成顶界面，与前者以槽口卡合的方式固定一起。

将格栅板切成三角形覆盖于顶界面。格栅板也可以用来遮挡凉亭的侧面，至少留有一侧可供观赏景色之用。

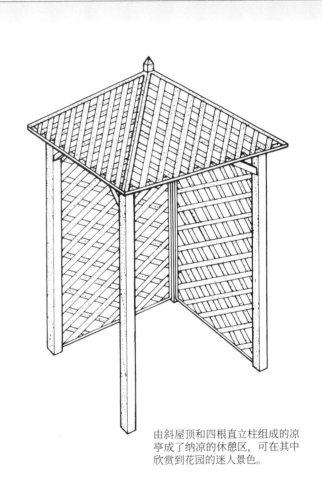

由斜屋顶和四根直立柱组成的凉亭成了纳凉的休憩区，可在其中欣赏到花园的迷人景色。

建造拱门

设计基本款的拱门

要设计基本款的拱门，先是在园路的两侧各固定一对立柱，每对立柱的顶部和底部均用横木连接，然后在中间的位置再加上两根横木，还要在横木之间使用直径为 25mm 或 50mm 的木条斜向固定。两对直径为 75mm 的木杆和顶界面构件、侧立柱连接起来，组成了拱顶，当然还可以增加更多木条以创造别样的设计。尽管整个木框架都有切割了基础接口作加固连接之用，但对于较细的木条，最好再钉上钉子固定。

切割连接口

所有用于拱门组装连接的接头可用手弓锯锯切，还需要一把凿子把废木料清理干净。

将顶部横木嵌入每根立柱顶端切割的深约 25mm 的 V 形槽口中，中间横木以同样的方式与立柱连接。

木材防腐处理

测试连接口是否切割合适，如连接口合适，则要对每个连接口进行防腐处理。立柱插入地下的部位需要额外的防腐保护，因此要将它们立在防腐浸泡液中浸泡过夜。

竖立框架

在地面上组装拱门的框架。往所有的接头处钉入 100mm 长的镀锌钢钉固定，使用燕尾钉更能防止结构散开。

为支撑拱门框架的立柱挖四个洞，先往洞里填入一层碎石子，再用一段厚实的木材或大锤把碎石子夯实，这层碎石子能使基部更加结实，也有利于排水。把组装好的框架立在相应的孔中，然后在立柱之间钉上木条加固。加水混合水泥，倒入孔中，将其压实。使用抹灰刀把混凝土抹成圆顶状，以利于雨水泻走。

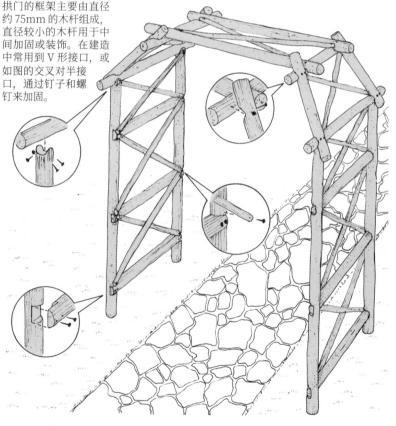

拱门的框架主要由直径约 75mm 的木杆组成，直径较小的木杆用于中间加固或装饰。在建造中常用到 V 形接口，或如图的交叉对半接口，通过钉子和螺钉来加固。

通过屏障把垃圾桶和收拾整理好的
工具、家具隐藏起来。　　　▲

玻璃温室既是花园中的装饰性构
筑，也是功能性构筑。图中的玻璃
温室由经处理的松木作框架。　▶

在空间位置相对局促的位置，窗框
可成为一个亮点，而且它们相对容
易建造。　　　　　　　　　▼

◀ 在夏季，这里可当作是另一个厨房，你可以购买特制的烧烤炉放在这里。建造砖砌的烧烤炉相对较简单。

▼ 在房屋附近的花园照明不仅照亮了休憩平台，还照亮了台阶，并在黑暗降临时对外来者起到威慑作用。

安装顶界面

将拱门的顶界面架在侧框架的顶部，其附着方式取决于所使用的施工方法。如果拱门的两侧顶部是横木，卡合在槽口中（如下步骤5），那么拱门的顶界面应连接在斜短杆内侧边约25mm的槽口中。 如果采用的是交叉对半连接的方式，则在两侧面的斜撑杆上切割槽口，把它与侧立柱的延伸端连接起来（见步骤6）。

在侧框架的顶部横木钻孔，并插入100mm长的防锈螺钉来固定结构。

建造朴实木门

1 在切割接口之前先在地面上组合拱门的侧框架，将较薄的的斜撑放在侧立柱和横木上。

2A 使用手弓锯在立柱面上锯切约25mm深的V形槽口，然后也在横木锯切V形槽口来连接。

2B 另一种方法是，在木条相交连接的位置锯切交叉对半接口。使用胶带标记每根木杆的直径，锯切到直径一半的深度。

3 用镀锌钢钉固定所有接口以抵抗木结构的自然弯曲。把对角斜撑摆好位置，并钉好。

4 检测横木和立柱卡合的槽口是否合适，适当使用凿子进行修整。然后把接口用钉子加固，并钉上对角斜撑。

5 把侧框架竖立起来，往立柱插入的孔中浇筑混凝土，在混凝土硬化前给予框架必要的支撑。将拱门的顶界面架于侧框架上。

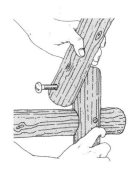

6 如图使顶界面与侧立柱连接，或使用防锈螺钉将顶界面固定以顶部横木。

花园中的水元素

一些水景形式适合于多种花园风格，如池塘和小水池，可以根据场地需要建成规则式形状或不规则式形状。因为花园中的任何水景总是那么吸引人的注意力，所以在选择水景的形状和位置时必须谨慎，而如何利用水景营造不同的效果则取决于其高度、流速和声音。

喷泉

尽管喷泉天生似乎是一种规则式的水景，在不规则式的水池中看起来有些不协调，但不可否认，很少有其他水景形式可比得上喷泉的无限活力。

高度、水压、喷射模式和水滴大小决定了喷泉的最终样式和效果。除了营造良好的景观效果给人以美的享受，喷泉还有让水体活动透气的功能。

当选择建造喷泉时，先确保其所在的水池足够大，即使是在微风习习的日子里也能捕捉到喷散的水滴，

这能使水池周边环境保持干爽，并把水回收再利用。

水景和野生小动物

花园中的水景总是很能吸引野生小动物的来访。一个专门为吸引野生小动物到来的池塘，如在边缘种植一圈植物，将能引来更多小动物。池边若有缓缓伸向水下的石滩地，则可让小动物自由出入池塘。

水景维护

当设计和摆置水景时，先确保它所在的位置不是整天晒着太阳，也不是总被绿荫笼罩着。过于充足的阳光会促使藻类植物疯长，而绿荫处的落叶或悬垂的枝条会导致水体的低氧水平。然后，经常清洁是很有必要的。通过喷射的人工方式，或利用植物的自然方式给水体通气，以改善水体的条件。保持池塘约30%的表面覆盖着植物可帮助水体环境的净化。

花园中的规则式水景和不规则式水景

宁静而神秘的湖面倒映着天空和周围的环境，从而增强了空间感。

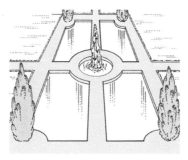

这个规则式水池的四面是镜面设计，与中央喷泉的动感形成了鲜明的对比。

在小花园中，适当放置小规模的规则式水景，特别是那种池边可当作坐凳的形式。

花园中的水元素

在坡地上创造水景

为了减少人工水池的人工迹象，可挖掘池中的土壤，然后把它堆放在水池的低侧，形成一块滩地，尽可能使滩地看起来更自然。当滩地堆好后，可以在上面种上乔木和灌木，当然，种些常青树是一种不错的选择。当这些完成后，坡地就能很好地被掩盖了，这时池塘或湖泊也就自然看起来是集水的最低区了。

在坡地上建水景时，要设置一处平地以进入到水环境中，而不是让斜坡直接向下延伸入水中，因为这样可能存在极大的危险性。在非常陡峭的坡地上，当建造单独水体的可能性不大时，尝试打造一系列小水阶会更自然，也更容易建成。若是在坡地上纳入了大面积的水体，那无可避免会产生很多后勤问题。

要确保所选择建造的水景拥有足够的空间，在美学和实用方面都得当，而且比例协调。为边缘种植的植物也要预留出足够的空间，如果不加控制，植物蔓延生长起来会大大减少了开阔水面的面积。

在坡地上建造水景

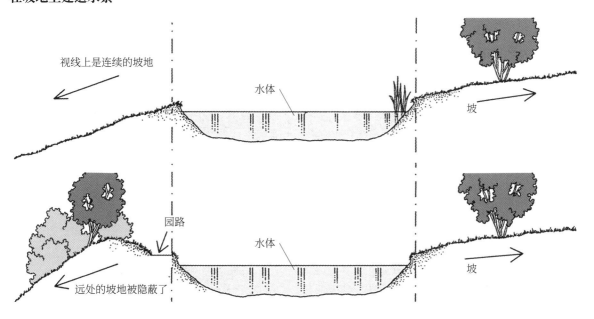

视线上是连续的坡地

水体

坡

园路

水体

坡

远处的坡地被隐蔽了

花园中的水元素

设置水池的位置

水池要设置于得到最佳观赏效果的位置。绿荫下不是设置水池的理想位置，不然池面常会有飘下的落叶。一般来说，一个不受强风影响的露天场地是水池设置的极好位置。

大小和形状

长为 1.8m，宽为 0.9m 的小水池可以建在小花

水泵

水泵

所有水泵的工作原理都很类似：输入装置利用电动机吸入水，其中有一个连接着的过滤器帮助过滤掉树叶、小树枝和其他垃圾碎片。输出装置依靠压力把水输出，可通过调节旋钮来调整水量的大小。

地面泵

这种泵是用于为具有高喷头的喷泉和水量大的溪流、瀑布提供动力的。地面泵被放置在一个独立建造的砖体结构里，该砖体结构应与水池同时建造，最好是水位以下的位置。如果砖体结构建得高于水位，则必须要在吸水管上使用角阀和过滤器以使水流通过。如果砖体结构低于水位，则只需要一个过滤器，因为这时有了重力的帮助。需要确保安放水泵的砖体结构是通风干爽的，可以只砌单层厚度的砖体，足以容纳水泵即可，在顶层使用空心砖有利于通风，以石板盖顶便于维修时可拆卸。

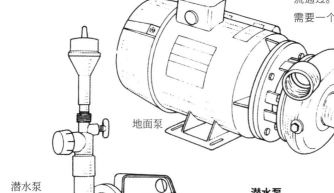

地面泵

潜水泵

潜水泵

这种水泵是最常见的家用类型，适用于大多数喷泉以及舒缓的溪流、水瀑。它具有静音的优点，而且易于安装：把水泵安置在池底表面上，从池中伸出输送软管和电缆到地面，尽量用石头和植物把软管和电缆隐藏好。

园中，但如果不想让它成为杂草丛生的沼泽地，则必须要谨慎种植并定期维护。

水深至少要为 38cm，深为 45cm 更好。水面面积大于 9.3m² 的水池大概深 60cm，非常大的水池可以达到 90cm 深，这样的深度使池子升温和降温相对缓慢，也保证了鱼类在冬季不会被冻死。深度小于 75cm 的水池常受到藻类植物疯长的困扰。在深约 23cm 的地方，应建有缓缓深入水中的台阶或滩地，这能帮助边缘的水生植物种植在最佳的深度位置。

水池的形状完全取决于所要营造的效果，但最好是选择简单的形状。规则式的水池适用于规则式的花园，而不对称的形状在自然式花园中能营造更自然的水体。先用铺设软管或撒沙子的方法勾勒出将要建造的水池形状，调整曲线直到达到预期效果，再钉下矮木桩来标记最终的水池形状。

天然水道

穿过花园的溪流将为花园增添了一分可观可赏的特色，同时可能也会带来一系列问题。首先，流水中不适合种植睡莲和其他需要静水条件生长的水生植物。其次，流速和水位变化较大，很难留住鱼类，而且水中还可能含有有害的矿物质。当然，可以拦截一部分的溪流来建造水池，但可能也会导致池中藻类植物和杂草积聚生长的问题。

供水装置

如果没有天然水道，就不得不依赖家用供水装置给水池进行补给了。家用供水的矿物质含量会高一些，因此自来水的补给会加快藻类植物的生长。花园中的水池需要以生态平衡为目标进行管理，这就要求水池保持清洁，不能存在只有一种植物或动物成为主导的情况。

如果要在通常不会有水流的平地上打造溪流或瀑布，则需要对场地进行大幅度的改变，一般需要产生较大高差变化，还有就是配备一个电动水泵给水以足够的动力是必不可少的。

水瀑：流过橡胶衬垫的水瀑剖面

从底部开始建水瀑，如图所示铺设衬垫。把潜水泵置于最下面的水池中，该水池必须足够大，这样在打开水泵时，水位才不会下降太多。

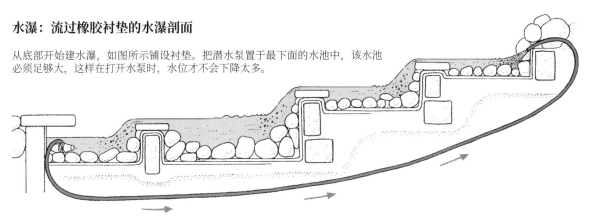

创建水池

多种材料可作为水池的衬垫：如何选择取决于它们的实用性和铺设的可行性。水池的体积需要慎重考虑，因为用于建造的材料需要成本，挖掘出来的土壤也需要运输成本。

夯实黏土

在黏土地区，这种方法用于建池塘已有数百年历史。黏土需是具有良好柔韧性的、不透水的、泥沙含量低的。在过去，黏土层下会抹一层石灰，以防止植物根部的穿透或动物活动的影响而导致池水泄漏。如今，铺设一层塑料板更为经济实惠和方便。

池塘壁面的倾斜度不应超过 20°：过于陡峭会导致黏土颗粒向下滑落，从而导致池水流失。灌木和乔木的种植应稍远离黏土池塘的边缘，如柳树、杨树和莎草等这些植物可能会刺穿黏土，导致池塘泄漏，所以对植物的品种也要进行谨慎选择。

为水池铺设衬垫

每单位面积的衬垫比混凝土的成本要低，而且使用更加方便。如果衬垫铺设妥当，它应是被隐藏在水线以下的，这能使水池看起来比较自然。

刚性衬垫主要由玻璃纤维制成，一般是预制成规则的几何形状，可用于临时平台或岩石花园水池的建造，它们的人工化外观可用石头或植物来掩蔽。

为水池铺设衬垫

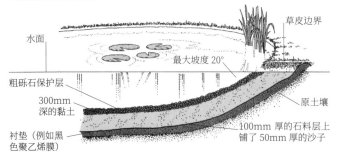

草皮边界
水面
最大坡度 20°
粗砾石保护层
300mm 深的黏土
原土壤
衬垫（例如黑色聚乙烯膜）
100mm 厚的石料层上铺了 50mm 厚的沙子

硬衬垫

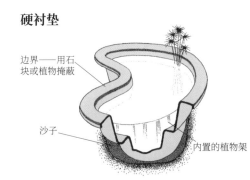

边界——用石块或植物掩蔽
沙子
内置的植物架

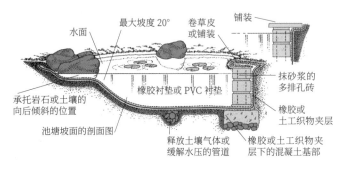

水面
最大坡度 20°
卷草皮或铺装
铺装
承托岩石或土壤的向后倾斜的位置
池塘坡面的剖面图
橡胶衬垫或 PVC 衬垫
抹砂浆的多排孔砖
释放土壤气体或缓解水压的管道
橡胶或土工织物夹层下的混凝土基部
橡胶或土工织物夹层

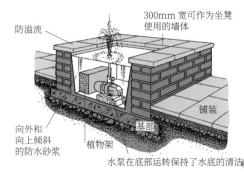

防溢流
300mm 宽可作为坐凳使用的墙体
向外和向上倾斜的防水砂浆
植物架
基部
铺装
水泵在底部运转保持了水底的清洁

柔性衬垫若要应用于长而窄的河床，可以使用短衬垫叠合拼接来达到理想效果。在底部和侧面可以散置光滑的石头来营造自然的效果，但能穿透衬垫的尖锐石头则要尽量避免使用。

不规则式的混凝土水池

无论平面形式如何，这种水池应是碟形的剖面形式，并且中心处最深，这样可以降低由于负载差异而导致开裂的风险，如果是存在多个独立的深区，则常有种风险。如要达到很好的防水效果，就必须将混凝土充分混合与压实，并保持不小于 150mm 的均匀厚度。如果不足以达到此厚度，则可能需要使用水池衬垫来作为防水设施。

岩石架或种植架应向后倾斜，这样能确保稳固性。混凝土水池的边缘可以使用植物和岩石来修饰隐藏。如果混凝土池壁有纹理而不是光滑的，则更容易发展形成自然的壁面。

规则式的混凝土水池

规则式的混凝土水池可以使用模板浇筑，或者可以在地基上像挡土墙一样砌筑起来。一些较大的水池需要使用钢筋来抗压。为了防止溶解的水泥化学物危害水中生物，要先往池中注水，静待至少六个月后才能往池中引入生物。然后，换水，但不要擦洗池边，当水甲虫和水蚤自发出现在池中的时候，则证明水是干净不受污染的了。

混凝土

由于混凝土会随着温度变化而收缩和膨胀，经常存在开裂的风险，因此不适宜用于建造长水道。为了解决这个问题，水道可以被建造成一个个堆叠着的低矮单元，如下图和第 179 页的例子所示，每个单元部分的后壁和相应的侧面总是要比预期水位高一些。当以这种方式建造水瀑时，还有额外的优点，就是可以形成一系列阶梯式的独立小水池。当循环水泵关闭后，水会留在这些小池中，保持不干枯。水瀑或溪流的侧壁与底部可以放些小石头来装饰，这样看起来更具自然气息。

不规则式的现浇混凝土水池

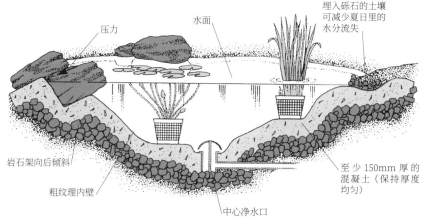

压力

水面

埋入砾石的土壤可减少夏日里的水分流失

岩石架向后倾斜

粗纹理内壁

中心净水口

至少 150mm 厚的混凝土（保持厚度均匀）

刚性水池衬垫

为刚性衬垫挖掘基底

为了嵌入刚性或半刚性的水池衬垫，先用砖块、箱子或木块架起衬垫，并沿其周长作标记，然后将衬垫的外缘轮廓转移到地面上，可在旁边竖立水准仪来作为辅助工具，沿衬垫周长每隔约 300mm 的距离往地下打入矮木桩。

撤下衬垫，在距离每个矮木桩外围约 100mm 的位置画线标记，然后移走矮木桩，并沿线挖走表土，约挖至 150mm 的深度。

进一步挖土，尽可能模拟衬垫底面的轮廓。测量所挖池坑的深度，可以先在池坑上横跨一块木板，再用卷尺测量从木板到底部的距离。

移除所有尖锐的石头，将凹凸不平的地方处理平整。如果觉得池坑深度已足够，可以通过踩踏来压紧坑底，然后往底部铺上一层 25mm 厚的沙子。

不规则式的池塘形状

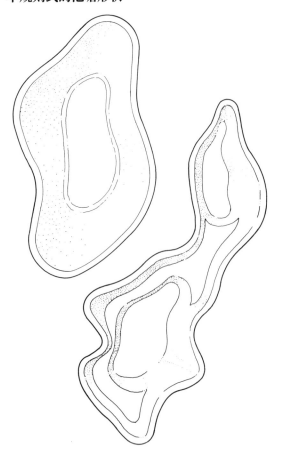

不规则式的池塘适合在大多数花园中设置。有一系列刚性和半刚性预制成型的玻璃钢或 PVC 类型的衬垫可供选择，形状通常为肾形、新月形和八字形。或者，如第 184 页所示，可以用柔性池塘衬垫来创建所需的形状。

嵌入刚性衬垫

小心地将衬垫放入池坑中，轻微晃动使其固定好位置，然后将其压实在沙层上。在横跨池坑的木板上

充实池塘

每 0.3m² 的水面应种植一些水生植物。水薄荷、驴蹄草、茨菰和黄花鸢尾是池边植物的理想选择，而池塘中心的植物可选择漂浮在水面的睡莲。

种植盆栽植物的容器要用粗麻布捆成一排，往容器内倒入不含除草剂和肥料的普通土壤，然后在其上撒上一层豌豆大小的砾石，以防土壤被冲刷掉。

当供氧植物安排妥当后才往水池中引入鱼类：1m² 的表面积能容纳 500mm 长的鱼。因此，一个 1m x 2m 的水池能容纳 1m 长的鱼，相当于 20 条 50mm 长的鱼。

刚性水池衬垫

放置水准仪，检测衬垫放置是否平整。继续做好衬垫的嵌置工作，直到能够给其背后回填土壤为止。

    将水龙软管放入衬垫里，开始往里面注水。随着水位上升，用泥铲往衬垫背后回填沙子和土壤（不混入石子的土壤），并压实。衬垫注水完毕后，会更牢固地嵌在相应的位置。

在坡地嵌入刚性衬垫

    在坡地通过挖土处理，使池边处于同一水平。建一面小型挡土墙抵住来自地势高处的土壤，墙体的材料根据花园的风格和池塘的形状来进行选择。砖块容易打造出规则式的效果，可与规则式的池塘相配；而石头具有自然野趣的特征，更适合不规则式的池塘。

嵌入刚性衬垫

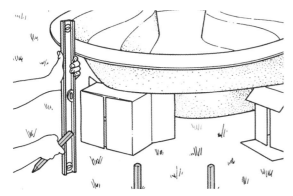

1 将刚性衬垫放置在支撑物上，并利用水准仪和矮木桩作为引导，沿着衬垫的周长在地面做标记。

2 按照衬垫的轮廓挖池坑。将木板横跨在池坑面上，以此定好中心的深度。

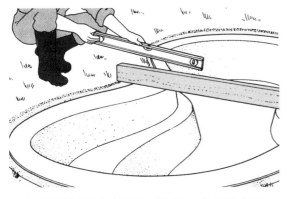

3 把衬垫放在池坑中的沙层上，将衬垫向下压以使它固定，然后检查边缘是否水平。

4 用沙子或不含硬物的土壤回填衬垫背部，一边用水龙软管往衬垫里注水，利用水的重量使衬垫沉降稳固。

柔性水池衬垫

柔性衬垫非常适用于曲形水池，先用水龙软管围成水池的大致形状，然后对形状进行调整。

挖掘池坑

按照水龙软管围成的形状挖掘池坑。为了把池基做成层层跌落的形式，可先挖一圈深约 200 ~ 300mm 的池坑，然后沿底部周边向内约 225mm 的位置标记内圈，沿线再把内圈往下挖 200 ~ 300mm，如有需要可挖更深。移除池坑中的大块石头和粗壮的植物根部，避免刺穿衬垫。

池塘的侧面不宜太陡，不然容易崩塌。继续挖掘一些土壤，形成种植架，并通过踩踏来压实土壤。在整个表面上铺约 12mm 厚的湿沙，作为衬垫的垫层。

铺设垫层

除了沙子作为垫层外，池塘衬垫下一般不需要再

使用柔性衬垫建造池塘

1 使用水龙软管围出池塘的形状，然后挖出池塘基底。在测量池中心和边缘区深度时，使用矮木桩来辅助，更为精确。

2 在池塘边缘设置基准桩并检查是否水平。即使地面本身略有不平，也必须将池塘设置水平。

3 往挖掘好的池底和侧面铺上厚约 12mm 的湿沙，作为柔性衬垫的垫层。

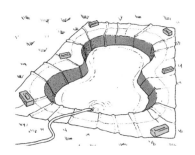

4 将衬垫覆盖池塘内壁面，用砖块压住突出的边缘。往池里注水：衬垫在注水后会伸展贴合池坑轮廓。

5 剪去池塘周围多余的衬垫，但保留约 150mm 宽的重叠部分，稍后在其上覆盖铺材。

6 池边铺设一排混凝土或天然石头，将其压实在砂浆上。这层铺材应高约 50mm。

柔性水池衬垫

垫其他东西，但如果土地实在太硬，则建议在铺设池塘衬垫前再加铺一层聚酯垫。

铺置衬垫

柔性的橡胶衬垫能够根据池塘的形状和大小来贴合。如要计算所需的衬垫尺寸，有这样的计算方法：两倍的池塘深度分别与池塘最大长度和最大宽度相加，即能得到结果。例如，长宽尺寸为 1.2m x 3m 而深度为 600mm 的池塘，需要尺寸为 2.4m x 4.2m 的衬垫。

将衬垫覆盖池塘内表面，超出的周边部分用砖块压着。把水龙软管放入池塘中并开始注水，水的重量可令衬垫更贴合池坑轮廓，再用软毛扫帚把衬垫的大折痕扫平，但对小折痕不要过分担心，因为这是不可避免的。注水深度大约 50mm 即可。

池边处理

池边的处理有多种方法。例如，如果池边是缓缓倾斜的，可以直接在衬垫上放置鹅卵石，将其压实在沙层和水泥砂浆中。另一种方法则是靠边缘往池里设置岩石，形成下沉墙体，并在其后的凹陷处种植水生植物。

建造地上池

要垒砌地上池，先在压实平整的地基上铺放衬垫，标记所需衬垫的周长，然后使用砖块或石块围绕衬垫堆砌墙体，一般砌层不需要超过九层。

将衬垫重新铺置在 25mm 厚的沙子垫层上，注入约 150mm 深的水使衬垫稳固下来。然后在衬垫与墙体之间回填土壤，并使用铺板或其他合适材料衔接衬垫边缘与墙体。一些不太规则的地上池，可以营造成小型的自然岩石花园景观。

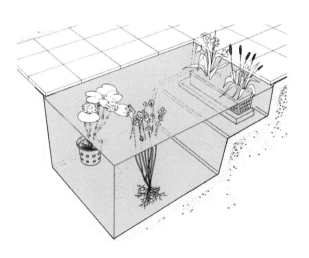

一个花园池塘的典型种植安排一般是这样的，靠近池边的地方用种植容器盛载植物，而较深的区域则适合生长睡莲或其他深水植物。

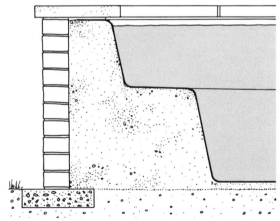

可以在沙层上放置刚性衬垫来建造地上池，注意要在刚性衬垫周围建起砖砌挡土墙，然后回填土壤。

汀步

水面上的汀步和草坪上的汀步有着同样的效果，形成的是安全而便利的通道，但并没有把空间强硬割裂开来，这在要求水流不间断流动的设计中尤其有用。

汀步尺寸可以相同或不同，铺成的路线可直可弯曲。为了安全起见，每两块汀步之间的间隔应保持一致，通常情况下是从 150~300mm 的范围中选取一数值。成人和儿童的步幅存在差异，这也是需要注意的。

每块汀步的大小应足以容纳整只脚。需要瞄准踩踏的小块汀步不仅不方便，还有潜在的危险，因此建议每块汀步的尺寸不应小于 500mm。

汀步的剖面

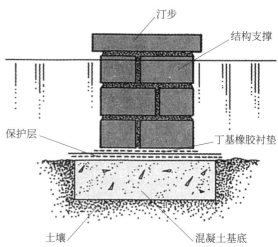

人造汀步

码头和石滩

码头通常与较大的水域联系在一起，可能还会有小船停靠。它也是喂鱼的好位置，并且能近距离清晰地观察到鱼类的活动。一些小花园中可能也会有码头和小船元素的设计，不过是简单地以一幅画来呈现。

石滩为人和动物提供了涉水与上岸的过渡地带，同时它还起到了保护下方的水池衬垫的作用，特别是当使用的是丁基橡胶或 PVC 这些柔性衬垫时更需保护。石滩上使用的应是光滑的鹅卵石，而不应使用尖利的石头。表面材料应铺有足够的深度，至少150mm 深。设置在水池迎风端的石滩需要定期清理，因为这里会有风吹过来的很多垃圾。

码头和石滩的结合

设置水景

水池、小瀑布或喷泉可以灵活设置在花园中，但为了使水景在花园中能更突出，其安放位置还是应该多加考虑。

树木

当在选择安置水景的地方时，需要先评估该位置能接收的阳光量，因为阴影会抑制水生植物的生长。这项工作最好是在夏天完成，因为夏日里树木基本都绿叶繁密。水池不应设置在距离树木 5.5m 的直径范围内，因为树木蔓延生长的根部会引发一些问题，飘落的树叶也不好清理。需要研究了解计划在水池旁种植或已经种植的树木的习性，例如柳树和杨树根系庞大粗壮，可能会对水池结构造成伤害。

强风和霜冻

检查设置水景的位置是否容易形成霜冻，即使是

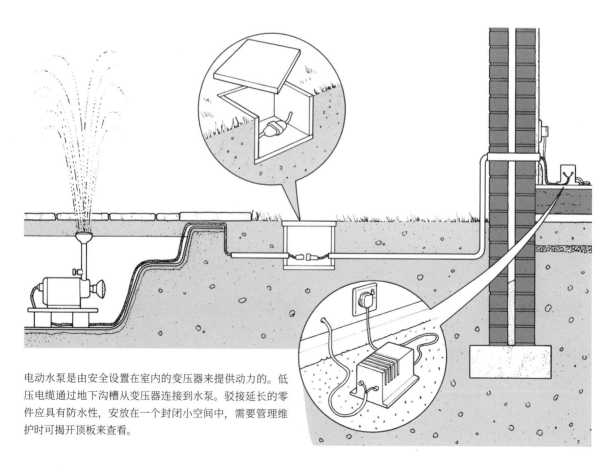

电动水泵是由安全设置在室内的变压器来提供动力的。低压电缆通过地下沟槽从变压器连接到水泵。驳接延长的零件应具有防水性，安放在一个封闭小空间中，需要管理维护时可揭开顶板来查看。

一些有遮蔽的地方也可能遭受冷空气的入侵。强风能吹倒池边的水生植物，也会把垃圾吹到池面，还会把喷泉的水雾吹散。在风大的位置，水的蒸发量也大。

水景

园艺商店中可买到各种水景设施，很多是以套件形式出售。配合花园的布置和将要安置的地方，从中选择一种大小和风格匹配的水景设施。

水景

图示是一些规则式水景和不规则式水景。
1. 从"狮子头"喷出的壁式喷泉。
2. 太阳能喷泉。
3. 小水池里的钟形喷泉。

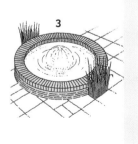

壁式喷泉 这种类型很适合设置在小花园中。如果说地面水景存在安全隐患，那么壁式喷泉则是安全水景。在一个"狮子头"的壁式喷泉中，微型潜水泵被安装在碗形小池中，水通过管道被泵到一个流水口，这就是所看到的水流从"狮子"的口中喷出来的奥秘。

太阳能喷泉 这种类型不需要安装水泵或提供电力，而且非常节能。安装好的喷泉像是浮在水面上，底座是供能的太阳能板，不同类型的喷头能喷出不同样式的水花。但太阳能喷泉也有缺点，就是阴天时不能为水流提供动力，在缺乏光线的夜晚也不能运作。

然而，有些太阳能喷泉配备了电池，因此在阴天和夜晚也能正常运作，甚至配有灯光照亮喷出的水花。

钟形喷泉 与直立水流相比，钟形喷泉的水流运动更温和，被设置得较低矮，适合小型集水区。

碗形喷泉 即便对小孩子来说，它都是相对安全的，其边缘一般镶嵌的是黑色鹅卵石，适应池直径设置的小喷嘴带动起喷泉的活力，这由隐藏着的水泵来提供动力。碗形喷泉的内壁刷上水池密封剂，使其防水，也使水面更有镜面反射效果。

雕塑喷泉 雕塑与水之间有着很深的渊源，对称设置的雕塑喷出的水流更有对称性的美感。设置在花园的雕塑，可以尝试结合喷头的使用形成雕塑喷泉。

岩石池 岩石池看起来应是很自然的：任何地方都不能露出水池衬垫。如果是要建造一级一级的岩石池，那么最底下的池必须明显比在其上的池要大，这样才能确保抽水激活水瀑时，底部的池水看起来并没有明显减少。

创建游乐区

虽然可以购买预制的构件组装起游乐设施，但根据自己的设计来建造也是不难的，例如这个带有滑梯和爬梯的地上游戏屋。

如果空间允许，应在花园里给儿童单独安排一个安全的游玩区域，而在儿童尽兴玩耍的同时也需保护该区域内的草坪和花坛不受伤害。

边界

首先，想想该如何给这个儿童游乐区划分边界。可以简单地设置如牧场围栏那样的边界，不需要太高，但要足够坚固，能抗得住"熊孩子"的活动，当然不能有存在安全隐患的尖头构件或突出的金属零件。

建造一圈低矮的墙体也可以作为边界，但一旦游乐区不再使用，拆除墙体稍微有些麻烦。

铺装材料

选择的铺装材料主要视儿童的年龄和游乐区的具体游乐活动而定。有多种铺装材料可供选择。

有机覆盖物 树皮和木屑这些覆盖物比很多铺装

材料看起来要更自然，但这些覆盖物很容易被吹到其他地方。市面上可买到专用于游乐区的预制袋装覆盖物材料，使用的材料覆盖深度最少要达到 300mm。

防撞铺装材料 很多由再生橡胶制成的铺装材料是专为游乐区设计使用的。一些地垫仅需用土工布膜在地面或草地上铺置即可，而某些类型需要铺在模壳里的混凝土基底之上。橡胶地垫看起来有点像柏油材质，但相对来说更有弹性，适合大面积的游乐区。

混凝土板 混凝土板铺成的游乐区地面最结实也最耐磨，但攀爬设施或滑梯下的铺装不适宜使用这种材料。对小孩子来说，混凝土铺装并不是很好的选择。

沙子 沙子仅适用于小区域，例如攀爬架下方或滑梯末端，它能起到缓冲作用，防止严重的事故发生。

草地 如果草地是用来进行球类游戏的，草皮很快就会恶化。然而，草皮却是游乐区地面很合适的材料。一般来说，在初秋重新铺设草皮，让其恢复生长，等到来年春天，草坪又能再次使用了。

木板 虽然在大面积的区域里铺设木地板不太实际，但其实木板可以铺在设置了攀爬架的那部分小区域，木板甚至可以成为攀爬架本身的一部分。

一对秋千和一个吊环

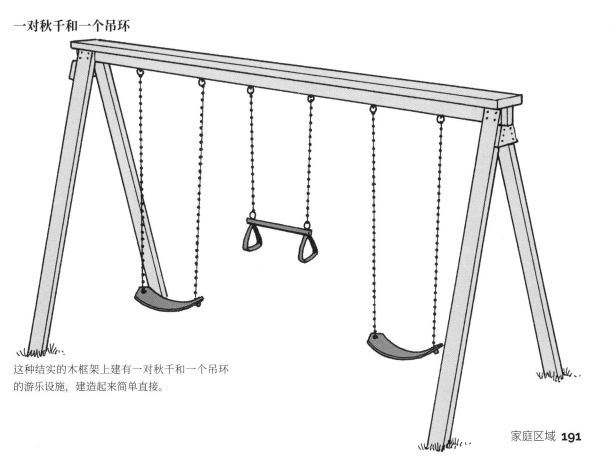

这种结实的木框架上建有一对秋千和一个吊环的游乐设施，建造起来简单直接。

攀爬架

基础框架

一个结实的矩形或方形框架可由宽 100mm 、厚 100mm 的抛光软木作为主要立柱，其他位于中间部分的柱子则使用宽 75mm、厚 50mm 的木材。攀爬架顶部的横木可用稍细的木材，使用螺丝钉与主立柱和中间的立柱固定在一起。

为了更加稳固结实，攀爬架上的横木最好以榫卯形式互相结合。中间部分的横木布置取决于攀爬架的组成形态，以及所包括的设施。

建造金属攀爬架

由结实的钢管和专用的镀锌金属接头构成的攀爬架比较容易竖立起来。有一系列配件可用于攀爬架：三通接头、单向接头和弯头等。整个框架结构也容易拆卸和移动。

钢管的直径尺寸有多种，一般可从 21 ~ 60mm 之间选择。连接钢管也比较简单，把它们插入配件，然后使用内六角扳手拧紧。在要竖立主钢管的位置挖洞，如果框架是要长久设置的，则把钢管插入地下并往地里注入混凝土；如果框架是未来不久要拆卸的，则把钢管嵌入混凝土做成的支承架中。

挖掘大致相同的方形小洞，挖至大约 300mm 深，填入碎石子并夯实。将钢管竖立于小洞中，并往里面倒入混凝土来固定，最后抹平洞口的混凝土。

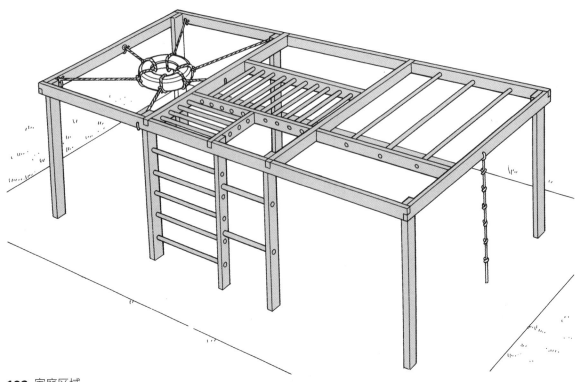

树屋

儿童安全：一般要点

为儿童设计的花园必须具备各种安全设施，既保护儿童不受伤害，也要保护游乐区附近的设施不受儿童的破坏。

花园中的池塘或游泳池要设置栏杆，当儿童在涉水池、滑梯和攀爬架进行活动时要有大人监督，还要事先确保游乐设备通过了安全测试。用于建造游乐设备的木材应打磨光滑，边缘做成斜面，边角采用圆角。大型的游乐设备必须经常进行检查，以确保安全。滑梯的表面必须是光滑无障碍的，而且顶部应设置护栏。爬上滑梯的楼梯必须是安全防滑的。跷跷板的座位下方需要安装缓冲装置，能帮助使用者缓冲与地面的撞击力。

在儿童使用游乐设备前，应先检查游乐设备的连接口是否连接妥当。定期检查设备是否出现裂痕或产生其他损坏的状况。

树屋

如果花园中有一棵树干粗壮的乔木，可以考虑打造一个树屋，这会成为一个受欢迎的游玩地。建造一个简易树屋的方法跟建造攀爬架类似，需要注意的是要谨慎选择树屋的位置——如果在树屋处能窥探到邻居的内宅，可能会遭到邻居的投诉。

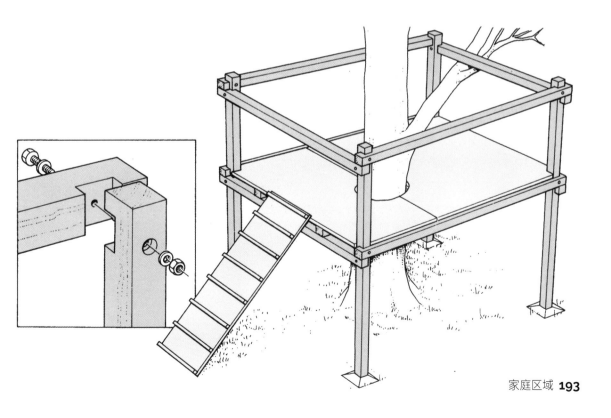

组合式沙池和戏水池

沙池和戏水池相结合是一种很受小孩子欢迎的游乐设施，尤其当该设施经过了专门设计，使水和沙子不会混合到一起则更好。

基础框架

沙池与戏水池的设计比较简单：它是由木板组装起来的矩形框，被一对木板分隔开来，并在这两块木板上铺一排小木板条作顶盖面，也可以当作坐凳使用。

标记连接口

框架的四角采用的是简单的半接榫来连接。首先将木板切割成一定的长度，应比最终形成的矩形盒尺寸长 300mm，用于接头的叠合连接。

把长短板堆叠在一起，使它们一端对齐。用胶带把木板缠在一起再标记连接口的位置。将堆叠着的木板平放，从端部开始往内量 150mm，然后用铅笔抵着角尺画线标记，沿线绕着堆叠的木板画一圈。

在距离刻画线 25mm 的位置画平行线，像之前一样绕木板一圈补充该平行线，这样两平行线之间的距离就是接口的厚度，也相当于每块木板的厚度。然后，从木板的长边一侧沿刻画线量度木板宽度的一半长度，并在这点的位置画线连接两平行线，连接线与两平行线互相垂直，这样就可以得到接口的深度。拆掉胶带，松开堆叠的木板，继续在每块木板的另一面完成刻画线。堆叠在中间的木板需要根据某一边已画的平行线进行补充，使整个接口的标记完整。

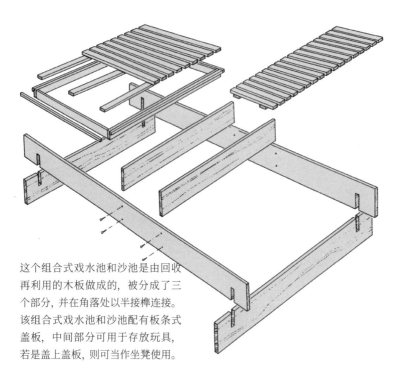

这个组合式戏水池和沙池是由回收再利用的木板做成的，被分成了三个部分，并在角落处以半接榫连接。该组合式戏水池和沙池配有板条式盖板，中间部分可用于存放玩具，若是盖上盖板，则可当作坐凳使用。

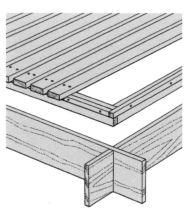

在一个简易的木框架上铺排着板条，钉牢后就是一个板条式盖板。

组合式沙池和戏水池

组装基本的矩形框

将半接榫连接起来，形成一个矩形框。如有必要，拆除并对组件进行调整。在没有使用黏合剂的情况下组装矩形框，直到你认为接合口连接顺畅后，再把矩形框拆开，涂上 PVA 木工黏合剂后重新组装。夹紧接合的位置，然后将矩形框静置，直到黏合剂晾干。

设置分隔板

测量矩形框两个长边之间的距离，并切割两段相应长度的木板，用来作为分隔板。在矩形木框的内侧面标记嵌入分隔板的位置，两分隔板之间大约相距600mm。将分隔板嵌入矩形框后，钻孔并插入螺钉，拧紧固定。

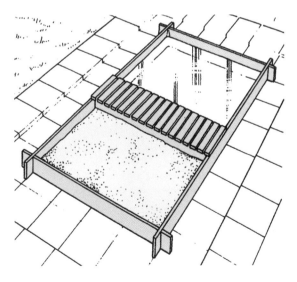

把整个框架设置在铺路板铺就的下沉区域，边缘的铺路板应设置得高一点，这样能限制沙子的活动范围。

设置盖板

戏水池、沙池和储存区的盖板并不是钉紧固定的，可提起也可盖上，但可能也有些储存区的盖板是以铰链与其中的一块分隔板连接着的。

先根据每个分隔部分的相应周长，使用宽为50mm、厚为12mm的软木条做基础框架，保证能嵌入每个分隔部分中。然后，在这个框架外围钉一圈横截面积为25mm^{2}的软木条，使其与框架的顶部边缘对齐。

使用同样宽为50mm、厚为12mm的软木条钉在成型的框架上，与框架的长边互相垂直。

试盖一下已做好的盖板，检查是否合适。以同样的方法再为另一主要分隔部分做盖板。中间储存区的盖板结构更简单：先准备一对能刚好嵌入该分隔区内侧的软木条，然后在其上钉上短木条即可。盖板顶部的软木条可以替换成实心胶合板，中心配有用于提起盖板的手柄。

铺衬垫

戏水池部分需要垫上防水的柔性衬垫。剪一片方形人造革衬垫，贴合戏水池的内侧面，并刚好包住边缘。将衬垫钉紧固定在顶部边缘，把多余的衬垫剪掉，位于角落处的衬垫也要经折叠就位后钉固。

清空水池里的水只需要抬起矩形框即可，但也有别的方法，例如在矩形框侧面钻孔，衬垫也要开孔，然后安装一个塑料连通器出水。钻孔处的人造革衬垫与框架侧面要使用防水黏合剂涂抹。

遮掩垃圾箱的挡墙

花园里的垃圾箱看着并不很讨喜，可以建造简单的挡墙来遮掩。

建造挡墙

这个基本的挡墙是三面围合、一面开放的结构形式，建在混凝土筏式基础上（参见第 86 页）。挡墙的高度取决于所要遮掩的垃圾箱的高度，宽度亦是根据垃圾箱的宽度而定。

在基底上干铺（不用砂浆铺设）第一排砖块，用粉笔围绕砖块在混凝土基础上标记挡墙的形状，然后先把砖块移走。下一步是混合搅拌砂浆，购买袋装的预制干混砂浆用料，使用时只需加水即可，可在附近的硬质地面上铺一块结实的大木板进行搅拌，或在手推车中进行操作。

在要砌第一层砖块的位置抹上砂浆，使砂浆表面有所皱褶以增加附着力。用抹刀的手柄敲实第一块砖，并在砖块的顶部放置水准仪来检查它是否铺置水平。按照第 128 ~ 131 页的砌砖说明，建造起顺砖砌合的墙体，遇到墙角处要将砖块转动 90°以延续砌筑。

砖与砖之间的砂浆接缝必须为一致的 10mm 厚，砌墙时需要时常进行检查。确保墙体不向外弯曲也很重要，可通过在墙面上放水准仪或一段笔直的木材来检查，这么一来，墙面任何不平直的地方很显而易见。要记得在砂浆晾干之前纠正所有错位的地方。

装配墙帽

在三面墙的顶部砌上斜面墙帽，两侧需稍向外突出，这样设置可防雨水直接弄湿墙身。

建造挡墙来遮掩垃圾箱

1 将水准仪依次靠在砖层的每一面，检查它是否垂直建造。

2 按照第 128~131 页的说明堆砌砖块。

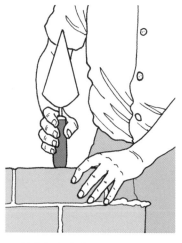

3 敲实每个砖块，然后使用水准仪检测砖层是否水平，并根据需要进行调整。

堆肥箱

堆肥箱的类型

现成的堆肥箱　金属制成的堆肥箱通常带有铰链式面板，可翻开查看箱内情况。在坚固的金属框架里套上黑色塑料袋，记得要给袋子留有一个通风孔。塑料制成的堆肥箱常带有可敞开的圆形盖，箱子的侧面也留有通风孔。木制堆肥箱可由多块互扣的木板构成，这样便于拆卸以检查内部的堆肥情况。

自制的堆肥箱　自己动手组装的堆肥箱有不同的形式。一种是使用煤渣砖堆砌，砖层之间错缝相接。另一种是将木板与立柱钉在一起，做成木质堆肥箱，为了便于观察堆肥情况，堆肥箱前部的木板应设置成可移动的，最好是在固定立柱边上开设滑轨，这样木板能够向上向下滑动。为了使通风良好，木板与木板之间间隔50mm设置为好。 还有些堆肥箱是使用瓦楞铁板或塑料板嵌在立柱之间制成，也需要注意通风透气。

瓦楞板制成的堆肥箱

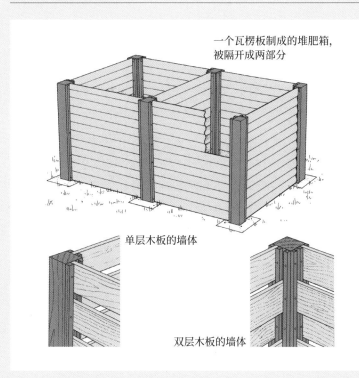

一个瓦楞板制成的堆肥箱，被隔开成两部分

单层木板的墙体

双层木板的墙体

使用经锯切和防腐处理的软木作为堆肥箱的木柱，垂直设置在每个角落，浇筑混凝土来固定。

将仍在产生反应的堆肥与已经可以使用的堆肥分隔开来是一种明智的操作。嵌在立柱之间的瓦楞塑料板或木板可设计成可滑动的设置，这在设计堆肥箱时就应该考虑周全。

如要使堆肥箱分隔成两部分，需要设置中间立柱。在柱子两侧分别垂直设置边长为25mm的方形小木条，这样就形成了中间的一条通道，用以嵌入墙板。墙体本身可以使用片式的瓦楞PVC屋面材料（堆肥箱的切口说明使用的是片式的瓦楞板材）。

如果是嵌入一块一块的木板，那么木板与木板之间应隔开约50mm以保证通风良好。

建造烧烤台

烧烤台可以购买组件组装起来，也可以在花园找一个固定位置用砖块垒砌起来。

设置烧烤台

虽然烧烤台的正确设计对其操作性和安全性很重要，但其位置的选择也同样重要。

避免将烧烤架安置在靠近窗户的位置，因为窗帘可能会不经意招惹到火花。烧烤台通常是像盒子一样的形状，由不可燃材料制成，其背部是敞开的（烤肉

的人就站在这里），同样其顶部也是敞开的。

设置的烧烤架应处于最为方便的烹饪高度——通常是从地面起堆砌约九层或十层砖块的高度。

烧烤台需要通气才能使炭燃烧起来，这可以在烧烤架的位置配设烟道来补充空气。烧烤台在混凝土条形基础上搭建，垒成 U 形的半砖厚墙体。烧烤架和炭盘安置在可调节高度的支架上，或置于某一层突出的砖架上。

堆砌砖块

在建造条形基础时，以型材板和细线作为对齐工具。重新拉线对齐要建造墙体的位置，然后在准备好的基底上抹上 10mm 厚的砂浆，铺设第一层砖。铺设第二层砖时以半砖宽开始，保持错缝相接。直到铺设到第五层后，第六层的砖块转换 90°，并排铺置，继而完成墙体的三面铺设工作。

在第六层交叉铺设的砖层上再铺设三层同之前式一样的砖层：这样第六层就形成了一个狭窄的壁架，可用于放置烧烤架和炭盘。接着来到第十层，同样把这一层做成如第六层的壁架，然后像之前一样再往上堆砌三层，这就完成了烧烤台的主要部分。

建造工作台面

添加工作台面的简易方法是在烧烤台的旁边另建独立的条形基础，平行于烧烤台建造六层高的矮墙体。该第六层砖块的铺设方式类似烧烤台第六层的样式，然后将一块 9mm 厚的木板架在六层砖高的矮墙上。

搭建一个砖体松散的烧烤台

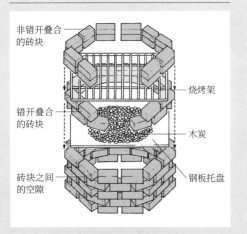

- 非错开叠合的砖块
- 错开叠合的砖块
- 砖块之间的空隙
- 烧烤架
- 木炭
- 钢板托盘

使用干铺法就能搭建一个临时烧烤台，除了易于快速搭建之外，这种烧烤台还有其他优点：其蜂窝状的砖块排列方式能为木炭的燃烧输送充足的空气。将砖块铺设在基底上，使每块砖之间留有 50mm 宽的空隙。继续叠搭砖块，一直搭建到第七层，则可在上面放置承托木炭的钢板，然后再往上搭建两层干砖，就能在其上摆放烧烤架。

建造烧烤台

建造砖砌烧烤台

1 堆砌五层砖，然后第六层砖块转动 90°后再铺设，形成突出墙体的壁架，可承托炭盘，也可架设工作台面。

2 继续堆砌错缝相接的另外三层砖块，到了第十层，其铺设方式如第六层，然后添加挡风设施。

专用的烧烤设施

专用的烧烤设施包括所谓的铁板烧类型，基本上有一个用于放置木炭的简单托盘，以及带有手柄的烧烤架，烧烤架可插入几个不同高度中的任一处，这样相当于在调节烹饪的火势。

与简单的铁板烧类型相比，由轻质钢制成的独立烧烤设施（通常是轮式的）更具便携性，也更具有可控的烹饪条件。这种烧烤设施通常具有可调节的烹饪高度，内有挡风设计，还有电池供电的旋转式烧烤架构件。

其他更复杂的烧烤设施一般以独立使用的为多，可能配有方便移动的轮子，但当木炭燃烧时则不应该随意移动。

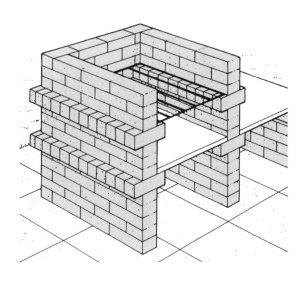

3 将工作台面架设好，嵌入炭盘和烧烤架，处理干净砂浆接缝，然后就让烧烤台在用火前静置几天。

搭起雨篷

雨篷既可以加强房屋的立面效果，又能为休息平台遮挡阳光和风雨，让人不会感到太炎热和明亮，也不会被淋湿，同时还能使该空间保留了些许隐私性。

雨篷在小花园中运用灵活，尤其是可伸缩可拆卸的雨篷，在不使用时仅占用很小的空间。可伸缩的雨篷通常在冬季要收回，受到强风的威胁时也应拆卸，以免损坏。

用于遮阴纳凉的雨篷

设置雨篷是一种能在花园中快速建立遮阴纳凉区域的方式，同时也能马上为一些植物带来生长需要的阴凉。设置在窗户边或玻璃门边上的雨篷还有另外的功能，它能为朝南的房间遮挡阳光，避免了阳光直射内部，使房间保持凉爽，也避免了强烈太阳光线下的家具发生褪色的情况。

用于避风雨的雨篷

如果雨篷在大雨期间处于撑开状态，那么雨篷上很快就会积水以致会损坏结构或材料。因此，需要考虑怎么把雨水从雨篷上排走，也要注意不能使雨篷下的地方被淋湿。一些雨篷的形状利于雨水的排走，如果你希望能在雨篷下躲避风雨，那么这种类型的雨篷在潮湿气候区可优先考虑使用。

雨篷的类型

雨篷有多种类型，其中很多类型能直接从商家处购得，商家还会提供额外的安装服务。

电动雨篷具有可伸缩的关节设计，由安装在墙上的手动按钮来操作雨篷的张开和关闭。有些雨篷通过遥控装置来操作，这在突然下雨的日子中尤其能发挥便利性作用。还有些更昂贵的雨篷设施，安装了阳光

往墙上安装雨篷

1 用粉笔在墙上标记第一个挂钩的位置，然后测量到第二个挂钩的距离并标记。

2 使用直径合适的钻头往交叉点的位置钻孔，在孔中安装膨胀螺栓。

3 将挂钩插入膨胀螺栓中，当拧紧挂钩时，墙内的螺栓将会与挂钩胀紧成一体，使挂钩能更牢实地固定。

搭起雨篷

和风雨的感受器，能根据天气变化自动打开和关闭。

手动操作的雨篷比电动雨篷要便宜得多，若雨篷维护得当，手动操作起来应该不会太费力气。

材料、颜色和图案

雨篷坚固而轻质的框架应采用镀膜的铝和不锈钢材质制成。固定件应由不锈钢制成，并且足够坚固和耐用。确保所选择的雨篷材料能有效遮挡紫外线，特别是在儿童游乐区时能具有良好的遮阴纳凉效果。织布面料的雨篷最好进行涂层处理，以使其能够挡光和防水，还较易保持清洁及抗褪色。

选择的雨篷颜色和图案应与花园设计相衬，有多种颜色和图案的雨篷可供选择，有些是单色的，有些则是典型的条纹样式。深色容易吸收热量，而浅色的雨篷更适合营造阴凉。

建造雨篷

亲自动手打造雨篷的好处之一是有更广泛的材料可供选择，并不仅仅局限于布料，有时想要营造一种热带氛围，就可以选择竹篾作为材料。

一个简单的雨篷可以通过墙上的钩子悬挂撑起，在不使用时可以轻松拆下。

选择了合适尺寸的雨篷后，就该在雨篷上打孔眼以便于挂到钩子上。接下来就是在墙上标记挂钩的位置，标记了第一个挂钩后，沿着墙壁测量到第二个挂钩位置的距离，要记得这个距离要略短于雨篷的孔眼之间的宽度，因为雨篷的布料难以拉紧，还常会下垂。

挂钩需要与膨胀螺栓连接，才能更牢实地固定在砖石墙上。钻孔后安装挂钩并拧紧，使钩子垂直朝上。

将雨篷妥当挂于钩子后，用两根木杆撑起雨篷的外边缘，并连接绳子使木杆稳固。

4 使用扳手拧紧挂钩时，要把挂钩垂直朝上。

5 拧紧挂钩和螺栓后，就可以把雨篷连接到墙上。

6 雨篷的外边缘由木杆支撑。雨篷要向下倾斜，因此木杆的高度要低于设置挂钩的位置。

关于花园建筑物的基本信息

温室、棚屋和凉亭等建筑物在花园中或发挥着功能性作用，或发挥着观赏性作用，或兼具两者，总之是有着举足轻重的地位，你需要经过深思熟虑后才为它们选址，以及后续要对它们进行精心仔细的维护。

预制的基底

将现成基底的四角直接固定在土地上的混凝土中。按照建造说明书把构筑物建立在基底上。

场地选择

从住宅到达其他的建筑物应该保证方便的通达性。确保地面排水状况良好，并且保证在地面潮湿时也能有畅通的道路可达这些建筑物。如果这些建筑物需要用电和用水，那么靠近主供给的位置设置的建筑物，安装电力设施和供水设施就更省成本和更便利。不要在过分空旷裸露的地方建立建筑物，如果是玻璃温室，还请避免在容易霜冻的地方和过于背阴的位置建立。

材料

棚屋和凉亭可以使用普通松木（通常是欧洲赤松木）或红雪松木建造，后者更耐用，因此也更昂贵。这两种木材应该使用防腐剂处理来延长使用寿命。许多商家出售的是已经过防腐处理的木材，有些则是为购买者提供可使用的防腐剂。

为建筑物建造基底

1 标记建筑物的区域，在角落位置放置竹杖，保证是垂直竖立。

2 在竹杖之间挖一条沟槽，深约一铁铲面的高度，同时也是约铁铲面的宽度。

3 用碎石子填充沟槽并夯实。

关于花园建筑物的基本信息

建造温室的材料可以是红雪松木、欧洲赤松木和铝合金，后者不怎么需要维护。一些商家出售的合金构件，涂上了漆，既有保护作用，也美观大方。

基底

一个坚固的基底对花园建筑来说是必不可少的，既能使建筑保持水平性，也能减少其被腐蚀的风险。一些商家可出售现成的钢制基底或混凝土基底。这些预制的基底只需简单地置于结实的地面上，用螺栓连接固定好，在建立建筑物前使用角尺和水准仪对它们进行检测。使用混凝土固定这些基底的角落位置，这样能增强建筑物在强风中的稳定性。

维护

所有木质建筑应每两到三年时间就涂上一层防腐剂，这么做除了能保持建筑的美观外，还能延长材料

重新替换温室的玻璃

意外破损的玻璃都应立即更换。首先，使用钳子取下旧的玻璃钉，移走碎玻璃片，刮走旧的油灰。然后，抹上新的油灰，将新的玻璃片推到合适的位置，使用新的玻璃钉固定，轻敲至牢实。最后，用沾湿的油灰刀清理多余的油灰，并把玻璃擦拭干净。

的使用寿命。

温室应每年彻底清洁一次，时间定在冬季或早春较适宜。把里面能搬出来的瓶瓶罐罐或其他容器先搬出来清洁，不可移动的构筑用专用的消毒液擦洗，温室内的碎屑垃圾也应该一并清除。

门窗的铰链和锁应定期上油保证其操作起来平滑顺畅。所有玻璃应保持清洁，并及时更换破碎玻璃。

4 在每条沟槽的端部都放置一块砖，检测这些砖块是否处于同一水平。

5 以 6：1 的比例混合碎石子和水泥，然后倒入沟槽中至砖块的顶部，再夯实。

6 混凝土硬化后，将一排砖块如图铺设到位。

建造花园工具房

用于存放工具的花园小屋是一种必不可少的建筑物，它还可以用来储存其他地方无法放置的大物件。这种花园工具房建立起来并不困难，有很多组件可以使用，只要基底准备好，几个小时内就能建起来。

木材和屋顶

建造花园工具房的木材必须用防腐剂进行处理，软木至少每两年处理一次。

花园工具房有以下两种屋顶类型：

单坡屋顶 单坡屋顶，顾名思义，屋顶向着一个方向倾斜（一般是有门的那边较高，后方较低），整体的净空高度较为有限。窗户通常设在前部的屋顶上或前部的墙上，这样在其下方设置的工作台能获得良好的光线和足够的头顶空间。

尖屋顶 为了得到感觉比较舒适的净空高度，选择采用尖屋顶较好：屋顶向两侧倾斜，中间高起形成屋脊，这能使室内有足够的空间可以工作和储存物件。

建立地基

将花园工具房建造在结实平坦的表面上，如浇筑了混凝土的基底或铺设了预制混凝土铺路板的地面。购买足够的铺路板以覆盖工具房所在的基底，周围要留有约 100mm 的边缘。使用细线和矮木桩标记工具房地基的所在位置，然后把区域内的杂物移除。

使用滚筒平整表面，空洞的地方用土壤填充，然后再用滚筒压平表面。在基底耙一层 150mm 厚的沙

单坡屋顶向一个方向倾斜，通常是向后倾。

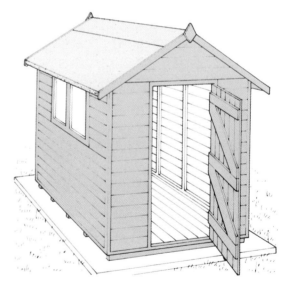

尖屋顶向两侧倾斜，中间形成屋脊，为小屋提供了较充足的净空高度。

建立起花园小屋

  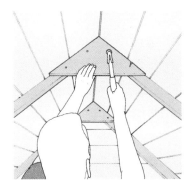

1 固定墙板。使用螺栓把墙板连接在一起，先不拧紧。在地板上立起墙板，并用钉子钉固两者，再拧紧墙板之间的螺栓。

2 将背面墙板与其他墙板用螺栓连接起来。为了使墙板之间的连接口更密封，可考虑在转角位置的外面加装板条。

3 尖屋顶面板架在屋顶支架上，下方钉上三角胶合板加固。最后，要记得在屋面上铺设防水材料。

子，然后在上面铺上铺路板并压实，保证铺路板之间对缝拼接，并使用水准仪检测它们是否处于同一水平面上。

安装地板

一些花园工具房的构件以预制的刨花板作为地板，有时还配有木托架。在木托架的下方铺一层沥青，这样能够阻挡地下湿气的侵袭。记得检查安装的地板是否平稳牢固。

大多数墙板需要使用螺钉连接在一起。在地板上立起并安置好四块墙板后，每隔300mm的距离旋入螺钉加固墙板与地板，然后拧紧螺母，使墙板连接稳固。

安装屋顶面板

单坡屋顶比尖屋顶安装更容易。

单坡屋顶通常由固定在前部墙板上的顶梁以及固定在侧面墙板上的锥形板条共同支撑着。

把顶梁和侧板条安置在合适的位置，通过螺钉使它们与墙架连接固定。屋顶面板要大得足以悬挑出墙板，这样才能让雨水泻下的时候不弄湿墙壁。把屋顶面板架到屋顶支架上，与墙板留出一定的檐边，然后在底下用钉子固定。

要安装尖屋顶，首先把屋顶支架与墙架钉在一起，然后在两端的屋脊下方钉上加固的胶合板。对于较大的尖屋顶，可能还需要加装檩椽来做支撑。

铺设屋顶覆盖物

从沥青油毡卷材上裁切适合整个屋顶尺寸的材料，再用钉子把它钉固在平整的屋顶面板上，可以起到防水作用。

制作窗台花箱

城市居民尤其依赖使用容器来种植植物，为窗台、台阶、小路、阳台和小平台增添色彩和生机。同样地，容器植物在大型花园中也能大放异彩。在休憩平台上或小路旁摆放的容器植物可有各种规模大小，适应不同的花园设计。而且，通过这种方式，小小的植物也能被单独挑选出来供细细欣赏。

窗台花箱

木槽或硬塑料槽特别适合用作窗台花箱，至少15cm 宽、20cm 深，大概如窗台的长度。花箱的颜色最好选择不显眼的纯色，这样更能突显植物的特点。

花箱底应该留有排水的小孔，并且应该安装两个或多个槽脚，使其保持固定在窗台上方 2.5 ~ 5cm 处，便于多余的水溢出。

木花箱比较容易制作，根据所需尺寸裁切木板后，用黄铜螺钉将它们连接在一起，黄铜螺钉应抹上一点润滑油，便于在有需要拆解花箱时能够容易操作。最后给花箱刷漆，等漆干后再进行种植。

挂于阳台上方的窗台花箱可能存在滴水及掉落下来的隐患。将花箱置于塑料托盘上可避免水滴落到阳台，而如果花箱掉落，危险性就很大了，所以在阳台上方的窗台花箱必须做好安全固定措施。

制作窗台花箱并在花箱里种植

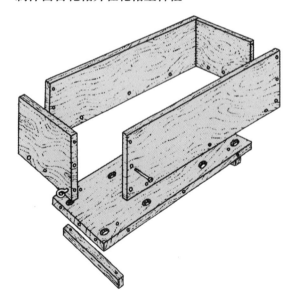

1 用木板制作花箱，木板之间用黄铜螺丝连接。给花箱喷涂防腐剂并安装矮木脚。

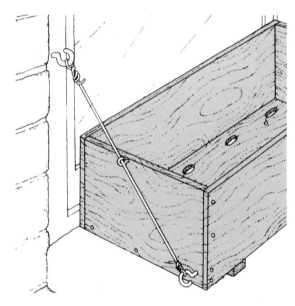

2 将花箱设置在窗台边上，要使用灯钩和金属丝来固定，防止掉落的意外发生。

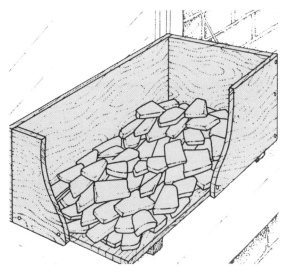

3 在花箱底铺一层促进排水的材料，如碎瓦片或粗砾石。

4 往花箱里填充盆栽用的堆肥，填充到距离顶部约 5cm 的位置。

5 把植物从小盆中取出，然后种植在花箱里，将植物根部小心谨慎地用堆肥包裹固定。

6 或者，直接将小盆栽置入花箱中，以泥炭或砾石包围。

在花园中安装电气设备

电力使用不当可能会给人带来致命的伤害，因此要使户外电力设备正常工作，则必须采取严格的安全措施。户外电线和设备的安装应交给专业人员来操作。

布线错误及维护不当的电气设备会有极大的安全隐患，需要着重注意。花园中水分的存在也增加了触电的可能性。

为了减轻电工的工作量及节省费用，园主有时可以先完成一定的准备工作，但应事先咨询专业电工的意见。

太阳能灯具，这些灯具并不需要电线连接就能使用（见第 211 页）。同样，许多太阳能喷泉和太阳能水景也有套件出售，安装方便快捷。然而，缺乏了电力的供给，这些太阳能产品需要被放置在能接收到充足阳光的地方。

如果觉得树篱修剪机或其他园艺器械后面拖曳的电线太碍事，可以使用无线的机型，这种类型安全性能更好，但需要充电后才能运行，还只能在限制时间内操作，而且往往比有线的工具更昂贵。

电器的替代品

如要考虑在花园中安装照明设备或想在池塘中设置喷泉，但又不愿意在花园中安装电气设施，以及希望能节省电费，那么可以选择其他产品来代替电器产品。对花园照明来说，市面上有越来越多价格实惠的

电器安装

使用易于安装的预制组件为园林建筑和水泵供电，通常包含了漏电开关和接线盒这些装置，其电缆接入到房屋中的主电源。

这些电路的安装需要持有资格证的电工来完成。

埋设地下电缆

1 为电缆挖沟槽，在种植土地挖至 60cm 深，在园路和其他硬质地面挖至 50cm 深。

2 在沟槽里铺一排屋顶瓦片或布置特殊管道来保护电缆。

3 在瓦片面上贴上黄黑条纹相间的胶带，警示这里埋有电缆。

在花园中安装电气设备

电缆

当电力需要从住宅所在地输送到花园温室或户外照明灯具时，将电缆埋设在地下是最为安全的方法，因为架空的电缆存在被树枝划破之类的风险，安全隐患潜在性高，而且看起来也不那么美观。

埋设在地下的电缆应是保护层完好结实的电缆。为了尽量减少挖掘土地会对电缆造成破坏的情况，电缆应埋入到园路和硬质地面下50cm的深度，在草地、种植池和其他种植土地则应深埋至60cm处。在覆盖土壤之前，在电缆上铺上瓦片，贴上黄黑条纹相间的警示胶带，提醒自己和其他人下方埋有电缆。

埋设电缆的位置需要被记录下来，一旦以后房产易手时，应把此信息提供给新住户。

断路器和插头

在没有安装漏电开关的电路中，要使用插入式断路器。如果断路器跳闸了，就要分析导致跳闸的原因。如果断路器经常无故跳闸，就要更换另一个断路器。

在室外或温室中使用的所有开关和插头需是防水耐热的，而家庭式的室内产品则不适合使用。

现在大多数电器都配有连接插头。如果需要自己来配备插头，请先确保所用的插头是防水耐热的，并内含适用的保险丝，还要定期检查插头是否损坏。

其他安全措施

当电器需要调整处理时，例如电动割草机需要更换刀片，记得先拔插头。

安全须知

当电动割草机、树篱修剪机和其他工具所在电路本身不受漏电开关保护时，要记得使用插入式断路器。

金属外壳的电动工具在使用前应检查是否正确接了地线。塑料外壳的电动工具一般双重绝缘，仍与三芯电缆一起使用。在接通电流前，检查所有设备是否有磨损或松动的部件。如果电缆有所损坏，要把损坏的部分切掉，并用绝缘胶布连接两端，绝不能用普通胶带粘起来。

使用割草机或修剪机时，请穿上适当的衣服和鞋子。请勿在潮湿环境中使用电气设备。

留心电缆的位置。使用修剪机和割草机时，请将电缆置于身后，尽量远离。如果电缆损坏了，要使用绝缘胶布进行维修，不要试图用普通胶带将破损地方粘起来。

更换磨损的电缆。如果电器已经存放了一段时间，例如整个冬天都存放在工具房的电动割草机，在使用前要先检查它是否潮湿。由于电器较少使用，电缆可能会扭结在一起，因此要仔细检查电缆是否出现磨损情况。如果对电器的安全性有疑问，可请专业电工来检查。

花园里的灯光照明

灯光照明可以在花园中发挥很大作用。当种植池、花境、水池、喷泉和树木被逐一点亮后，能在黄昏和夜晚中营造出一种妙不可言的氛围。灯光还能照亮小路和车道，这样当自然光退去后也不用担心看不清楚。

嵌入到小平台中的灯光，包括挂着的小彩灯，能使该区域在太阳下山后成为一处让人流连忘返的地方，设置在平台上的座位也因为有了灯光，成了一道亮丽的风景线。

安装灯具

将带有长钉的灯具插入结实的土壤或草皮中，然后调整光束方向，指向想要照亮的构筑物。

外部聚光灯一般是固定到墙壁上或柱子上，利用灯光来营造氛围或直接照亮某一区域。

布置灯具

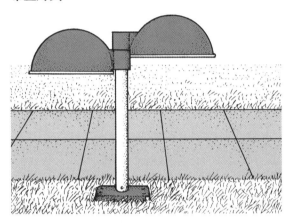

对于园路和台阶的功能性照明，可使用向下照射的蘑菇形罩灯，这能避免灯光过于炫目。

在乔木和灌木丛下布置泛光灯，令光束向树叶照射。

花园里的灯光照明

安装电路

花园照明系统必须由专业的电工来安装：如果设备安装不正确或不适宜在户外使用，将存在很大的安全隐患。主电缆应埋设在地下，插座应具有防水耐热的特点，必须要安装断路器。从插座延伸到灯具所用的电缆应尽可能短，并尽量将其隐藏起来，减少损坏的风险。所用的电缆还需要能够防风耐热，抵抗得住紫外线，以及可防虫蛀。

灯具和位置的选择

灯具只选择那些特别适合在露天使用的品种，必须能防水和耐腐蚀，还要能抗霜冻、抗雪和抗潮湿。大多数庭院灯是由铝合金或高强度塑料制成的，有各种不同风格和颜色可选择，但要选择与花园设计相衬的种类。

尝试寻找设置灯具的最佳位置，但要记住以下几点。确保所有光束不会直射观赏者，不令人感到炫目刺眼。乔木或大灌木可以用泛光照射，成为前面低矮植物的背景。或者，用泛光灯照亮池中的大片区域，并在特定的树上点缀小灯。水下也可以设置射灯，能给瀑布和喷泉打造不一样的景观效果，但要记得使用专为水池设计的防水型灯具。

太阳能灯

太阳能灯的应用越来越受欢迎，可选用的样式也越来越多。使用太阳能灯能节省电费，而且没有烦琐的布线，这也意味着太阳能灯能够简单便捷地安装布置。然而，它们只能放置在阳光充足的地方，而且发出的光芒一般是柔光，并不十分明亮。

花园灯具的类型

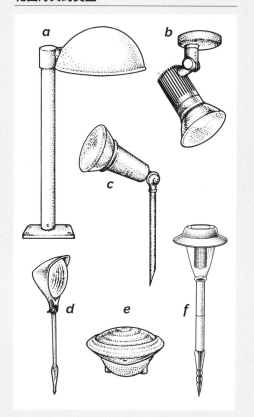

蘑菇形灯具（a）用于园路和台阶照明。射灯（b）可固定在硬质表面上，带有长尖钉的射灯（c）则便于移动。水池灯（d）可以浮于水面或沉入水下设置。泛光灯（e）一般有多种颜色可选。带有盖子的太阳能灯（f）光束向下照射，因而很适合用于照亮园路和车道。

安全照明的安装

花园中使用的灯光照明出于不同的目的，有用于照亮园路的，也有用来营造气氛的，而有些照明在花园里或靠近房屋、车库等地方的应用，则是为了安全着想。

安装在靠近前门位置的壁挂灯为能为你照亮入屋的路，也能让你不至于在黑暗中摸索钥匙和门锁，还有作为安全照明的价值，因为灯光本身对不怀好意的入侵者就有威慑作用。然而，这种灯的缺点在于，当黑夜来临时需要手动开灯，在早晨到来时又要手动关闭。能够通过感光效应自动开关的灯具会更受欢迎。

更适合用于安全照明的灯是那种当人靠近时才会亮的灯，这样当外人靠近家门口时，你也可以迅速察觉。

卤素安全泛光灯

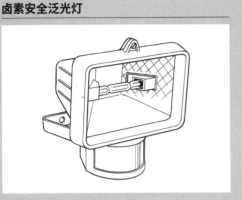

卤素泛光灯通常是用于室外安全照明的一种形式。它们配有一个运动传感器，可以检测指定区域内的人的运动，从而使灯亮起。灯可以向任意方向倾斜，保证它能照亮预期的区域，值得注意的是，发出的光芒不要对邻居造成困扰。

安全灯的类型

安全灯的类型多种多样，而且较为便宜。根据安装位置选择合适的灯具类型，例如选择柔光灯来照亮门口和门廊。壁挂式射灯（见第214~215页）非常

安装卤素照明灯具

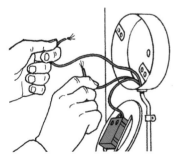

1 切断电源。如果是以新的安全灯具和运动传感器来更换旧灯具，请先松开现有的灯具连接。

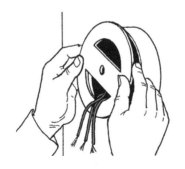

2 置入防水垫圈，并确保其均匀服帖。安装新设备的前部，拉动每根电线以确保其设置牢固。

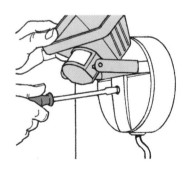

3 用螺钉固定灯具并拧紧。最后，调整光线和传感器，使目标区域能被适当照亮。

适合于设置在房屋旁边，向下照亮路径。车库周围则更适合使用功能性强些的泛光灯。

对于很多房子来说，较好的安全照明是使用安装在磨砂玻璃罩的低压灯，在入夜时亮起，早晨到来时熄灭，虽然这意味着在漫长的黑夜中需要持续亮灯，但这种发出柔光的低功率灯泡比其他灯更节能，还有一个好处就是，其投射的阴影不会太明显。

如果低亮度的照明能够满足需要，那么可以考虑选择太阳能安全灯，这种灯易于安装，但顾名思义，只有把灯具设置在能获得充足阳光下的地方才能保证其正常运作。

也许应用更为广泛的安全照明是那种因人移动而被激活的泛光灯，这种灯具通常是高强度卤钨灯，一般配有用于检测运动的被动红外线传感器。它的安全优势在于，当人进入到限定区域就会引起亮灯，这能提醒屋主人正有其他人靠近房子。这种灯具装有光敏电池，所以白天不会亮灯。

由于卤素泛光灯会造成令人不舒服的炫目感，以及投射的阴影明显（可能会另外产生隐蔽黑暗的地方），因此安装的灯以不超过 150W 为宜。如果可以的话，适当调整灯开到灯关的定时，避免灯亮持续时间过长。

安全灯的布置

请把安全灯设置在不容易被人触摸到的地方，一般来说，设置的高度至少应为 2.75m。

应对安全灯进行角度调整，使灯光照射的仅是自家的地方，而不会照射到邻家。

设置感应探测器并测试，保证仅从门口经过的人们不会引起亮灯，小猫小狗或其他小动物也不会被感应到。想想如果一有风吹草动就会令灯亮起来，就会使安全灯本身的安全功能减弱，它会被当成一个不可靠的警告系统，进而被忽视。

确保任何带有红外线传感器的灯不被设置在热烟道或其他热源附近，因为热源能引起灯亮，这样布置的灯具也就失去了意义。

如果邻居对你安装的照明灯具有意见，建议你理解并认真对待他们的投诉。对于影响到邻居的灯光，可以通过调整光线方向，并使灯光向下照射来解决问题，如有必要，还可以加上遮光罩对光线进行限制。

更换室外灯

如果要将新的室外灯连接到主电源系统中，最好是请电工来操作。但是，如果是想用配有红外线传感器的安全灯替换现有的外部灯，操作则简单些。

首先是关灯，然后用断路器切断电源。取下旧灯，如果新配件不适用现有的藏线板，也把藏线板拆下并更换。

松开现灯具与电线的连接，检查接线是否良好，如是良好状态，则可连接新的灯具，确保连接牢固。

将所有接线整理好，放回原来的位置。如果灯具的连接配件带有防潮垫圈，请确保这个垫圈密封性良好，然后可以使用螺钉固定灯具，最后是调整灯具的照射方向。

安装壁挂式射灯

固定在房屋墙壁或花园内墙壁上的室外射灯，不仅能发挥照明作用，还能创造装饰效果。如果要使灯光仅是用于营造氛围，而不是功能性照明，那么请谨慎选择布置它们的位置，并且不要让它们产生过强的光芒。

照明程度

光线充足的房子和花园看起来温馨热烈，但不要过度把花园照亮，因为这仅仅只是使花园看起来如同白天一样。

若只用零星小灯点缀着小路和大门口，会营造出一种遥远的距离感。透着柔光的门廊灯可散发着迷人的吸引力，但如在同样的位置换上强光，看起来更具实用性。

能量来源

如果花园中接入了电流（见第 208～209 页），那么室外灯就都可以通过该电路进行运作。连接主电源能为室外照明系统提供很多可能性，可以允许精细复杂的照明方案实施。然而，因为埋设电缆要求严格，操作需要小心谨慎，所以若要在以后更改既定的照明方案，恐怕不是一件容易的事。

比主电源供能更节能的是采用低压照明系统，这可通过把变压器连接到主电源来实现，往往更便宜和更安全。若使用低压灯，则无需将连接电缆埋在土壤中，这使得铺设工作更简单。如果想要改变灯具的位

安装壁挂式灯具

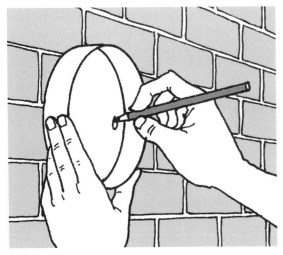

1 使用灯具背板作为模板，在墙壁上标记钻孔的位置。如有必要，在钻孔前使标记更清晰。

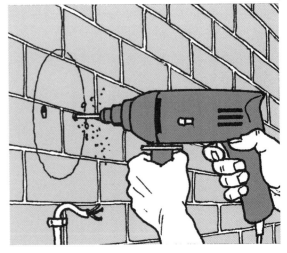

2 在每个标记位置钻孔，使每个孔的深度比要插入的塑料膨胀管的长度略深。

置和照射重点，也很容易移动并调整。但是，低压灯也有其缺点，那就是变压器距离灯具越远，供能越不足，而且同时运行的灯数也是有限的。

太阳能灯必须设置在能接收太阳光线的地方，这种灯不会像连接到主电源的灯那么光亮。在最需要照明的黑暗冬夜，太阳能灯并不能发挥多大的作用，但在需要柔和灯光的地方则比较合适设置，而且安装起来也很简便。

射灯

射灯能在一个方向上射出一束光，常用于照亮某棵树、某个雕像或水池。这种灯具有较强的方向指示性，这意味着它能与被照亮突出的物体相距一段较远的距离。

当以主电源供电时，射灯很明亮，光线强烈，投射的阴影明显，不适宜用于营造温馨氛围。可以通过使用磨砂镜片或彩色镜片来使光线柔和，或者不把射灯光线直接打向目标物体，而是通过光线反射来达到所要的效果。长形射灯包含了一个长外壳，灯泡是嵌入在里面的，这可减弱令人眩目的光线。使用一对射灯对物体进行交叉照明可减少投射的阴影。

长形射灯包含了一个长外壳，灯泡是嵌入在里面的，这可减弱令人眩目的光线。射灯还可配有各种滤光镜片，其中彩色镜片或磨砂镜片能产生更柔和的照明效果。

灯具配件的选择也有讲究：铜配件用得越久越能

3 将塑料膨胀管插入每个孔后，使用螺丝刀和螺钉将灯具背板固定到墙上。

4 将电缆连接到灯具前盖的终端后，再把前盖与灯具背板相合，并用螺母固定。

安装壁挂式射灯

....

与周围环境融为一体，而铬金属配件可能应用得更为普遍。

安装壁挂射灯

如果已有适当布好的电线，那么安装一个灯具是相当容易的。但是，如果灯具的安装需要重新布线或直接连到主电源，那么最好交给专业电工来做。

首先切断主电源。然后利用灯具的背板作为模板，在墙上标记出钻孔的位置。如有必要，把背板移走，并使标记更清晰。

往砖石墙所标记的每个位置钻孔，孔的深度应比塑料膨胀管的长度略深。接下来，把塑料膨胀管插入每个孔中，再使用螺丝刀和螺钉将灯具的背板固定在墙上。

将电缆连接到灯具前盖的终端，在合上前盖前，先确保接线已妥善布置好，然后就将前盖与背板相合，用扳手拧紧螺母，再将灯泡嵌入，拧紧。最后检查灯具和电缆是否牢固地固定好，并让专业的电工对所有电力连接进行查看。

安装在可转动关节上的灯具能够根据需要调整光束的照射角度，使其能准确照亮并突出特定的区域或构筑物。

色彩与光芒

钨丝灯发出暖黄的光芒，能营造温馨的氛围，而卤素灯能产生强烈的亮光。彩色滤光片可为照明渲染戏剧性的效果，但不应过度使用。

5 嵌入灯泡，在开电源测试灯前，先检查接头和灯泡是否稳妥固定。

6 开灯测试，通过调整倾斜角度来使其照亮指定区域。这种灯是使某一物体成为焦点的理想工具。

在温室里安装电气设备

在温室中安装电气设备对各种植物的繁殖和生长有相当大的帮助，还能令温室在冬季夜晚也能正常运作。尽管与其他燃料相比，通过电力加热花费昂贵，但一些促进植物生长发育的设备只能靠电来运行，例如繁殖箱和排气扇。

在温室中可以安装先进的计算机系统，集成控制照明、加热、通风换气和空气湿度等，这能省去经常要检查温室环境的麻烦，但不可否认，该项投资较为昂贵。

光照

温室中的灯光可用于促进植物的生长，也能为室内提供普通照明。

光照是冬季期间限制温室中植物生长的最常见因素。在秋季到初冬期间，额外的光照有助于落叶植物的根系生长。

温室照明可以延长日照时间，使植物在此期间有足够的光照可继续生长。有些植物除非每天保持一定的光照时间，否则就不会开花。

在选择灯具时，要考虑运行成本、节能性、维护难度、更换灯泡的频率以及运行系统的灵活性等诸多因素。

日光灯 最常用于温室照明，购买和运行成本都很便宜，不发热并且节能，但更换灯泡花费较多。在日光灯的上方安装大反射镜，这样更能真正发挥作用。日光灯适用于植物繁殖，直接把灯悬挂在繁殖容器上

温室里的控制面板

如果温室接入了电气设备，那么应在温室内装配特制的控制面板。

控制面板包括开关和插座，安装在总电缆的终端，当然还应配有漏电开关，这样一来，就有一个安全点可控制所有电气设备，同时避免了安装杂乱而产生的诸多麻烦。

这种控制面板在市面上能方便购买得到，还带有可调节的固定零件，适用于各种温室内。

在温室里安装电气设备

方；可以把灯外层涂成红色或配上红色滤光片，这对植物进入后期发育阶段有所帮助，例如诱导开花。日光灯的光照应被视为自然光照的补充，但不是自然光照的替代。

种植灯 这种灯包含了易于拧入的灯泡，而且很节能。灯具配件很小，内置反射镜，可以直接设置在繁殖容器或一组植物的上方。种植灯相对便宜，不会产生过多的热量，却能产生全光谱范围内的光，十分适宜进行全年性使用，对植物从繁殖到开花都能发挥作用。

环保灯 这种灯比其他类型的灯更加节能，而光照量并不缩减。与日光灯一样，环保灯释放的蓝光比红光要多一些，经过了特殊涂层或配备滤光片的情况

通风换气

电动抽气机应该安装在温室门上方的高处。在对应的另一端也要提供通风换气的设施。

除外。

高压钠灯 这种灯很重，会发出热量和噪声，因此需要安装在温室外面。尽管使用反射镜以降低运行成本，但这种灯确实不节能。然而，这种灯能为植物的全程生长发育提供最佳的光照，因此选择使用高压钠灯有着一定意义。

热量

电力加热可能不是最便宜的形式，但它干净、灵活和高效。

扇叶加热器能快速释放热量，但需要将其设置在热量均匀分布的地方，而不能直接吹向植物。夏季时需要温室冷却下来则要使用扇叶散热器，但运行起来可能产生较高的费用。

恒温器能有效控制热量。优质的恒温器保证了温度只在所需的范围内具有小变化，而不会产生极大的温差，对植物生长起到了保护作用。

土壤中的加热电缆可用在种植床和繁殖箱里，这种加热形式很节省成本，但只能加热需要热量的指定地方，意味着加热范围其实很小，而不像其他加热系统那样扩散热量。

加热板可为装着种子的盘子或种着植物的容器提供加热区域，并且易于移动。面板由夹在铝层之间的加热元件组成，十分简易，而且在不需要使用时也

在温室里安装电气设备

方便储存。

空气循环

如果希望温室内的空气保持新鲜，也不至于湿度过大或过于干热，那么保持空气循环是很重要的一件事情。

在温室一端的高处安装电动抽气机能把湿热的空气抽走，同时也需要配有一些换气扇，以吸入新鲜的空气。

在温室内可以设置简单的风扇，保持空气流动，这在冬季尤其能发挥作用，此期间需要把空气温度控制在合理水平，也要避免霜冻。

自动通风口是一种更先进的设备，由电力控制，依靠温度传感器对温度感知而进行开闭，如果与整个计算机调节系统连接，则更加便于感知温室内的细微变化。

电热繁殖箱

温室中接入了电力，使加热繁殖箱成为可能，这有利于培育幼苗、扦插或嫁接植物。

热量由藏于土壤托盘底部的电缆提供，这样温暖的生长环境与相对凉爽的空气结合，对许多植物生长来说都是有利的。

繁殖箱还应该配有一个恒温器，为植物生长维持所需的温度。

喷雾装置

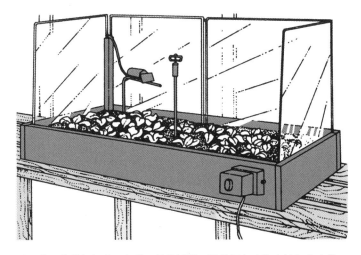

喷雾装置能增加湿度，有利于植物扦插，通常还与土壤中的加热电缆一同使用。

喷雾装置

许多灌木和草本植物的插条如能经常得到细水雾的喷洒，其根部会生长得更快。

水雾操作系统是自动化的，通过带有湿度感应功能的"电子叶"，控制安装在植物上方的喷射器喷发水雾的频率，而土壤中的加热电缆为底部提供着必要的热量，避免生长环境变得太冷。

更为先进的操作是通过温室环境控制系统来控制喷雾装置，将有关温度和湿度的信息输入控制系统的计算机，从而使喷雾频率能更适应温室内条件的微妙变化。

选择花园家具

选择风格

家具的设计应该是花园风格的补充。木制品适合不规则式花园或充满自然野趣的花园。钢制或塑料制的现代家具可能更适合露台。在规则式的花园设计中，优雅华丽的铸铁桌椅或许更受欢迎。

长凳 简易的长凳可以设置在花园的大部分地方，靠着墙壁、树篱或栅栏设置的规则式长凳通常更实用。

椅子 基本的金属椅子包含一个可折叠的铝制框架，配有布艺的坐垫和靠背。轻便扶手折椅是一种更舒适的椅子，它整体是个木质框架，坐的部分以帆布为材料，并且背部可调节。维多利亚风格的铸铁椅子经久耐用，但华丽繁复的镂空图案可能令人坐着不舒服。其他椅子还有铸铝椅子以及塑料椅子等。

用餐桌椅 专门为在花园中用餐打造的桌椅可以采用传统的硬木做成经典设计，或采用轻质金属或塑料做成现代流线型外观，通常在桌子中心还可以选择撑起一把遮阳伞。现代式的花园餐椅通常是可折叠的，并配有可拆卸的软坐垫。如果是要家庭野餐聚会，理想状态是设置木桌，配上长条坐凳，还在桌子中间安装上一把遮阳伞。

躺椅 躺椅能以折叠的形式来存放，使用也很方便。对于日光浴而言，一张比较合适的躺椅就是基本的金属框架配上布料覆盖的表面，有些躺椅还搭配了软坐垫和可调节的头枕。

材料

家具分为两大类：可长久留在室外的家具以及必须存放在室内的家具。

塑料无疑是最耐用的材料，不需要喷漆，可以留在室外而不容易出现变质的迹象。

金属通常用于制作花园家具的框架。虽然很多金属比较容易生锈，但通过镀锌、喷漆和涂塑等方式可以保护脆弱的金属。铝不会生锈，比钢铁轻盈，也可以铸造成传统风格的家具。

木材是用于制作花园家具的好材料，但也是一种昂贵的材料，并且需要定期维护。硬木耐候性强，长期露天设置也问题不大，而软木需用防腐剂进行处理。

定期维护

无论选择哪种类型的家具，都要确保所有接头牢固，并且将金属固定件镀锌以防生锈，还应该定期给枢轴、铰链和螺纹加上润滑油。

软木家具要用防腐剂进行处理，或在夏季之前重新涂漆。硬木家具在存放之前，或者将要长期放到室外抵抗恶劣天气前，需要先喷着色剂、涂清漆或抹油。

二手家具

崭新的花园家具花费昂贵。为了省钱，原本作为室内使用的家具可以再次利用。旧货商店及跳蚤市场可以淘得很多便宜的餐桌和椅子。刷掉这些家具以前的涂料，重新对其进行涂漆或用防腐剂处理后再放置室外。由于这些二手家具原先是在室内使用的，所以即使是在室外，也最好是把这类家具放在凉亭里或雨篷下使用。

各类花园家具

制作花园长凳

制作花园长凳

先在条形基础上架设两个砖墩、石墩或混凝土墩，为了舒适，高度不应超过 450mm。

锯切四块宽为 150mm、厚为 35mm 的抛光软木板或硬木板，长度足以横跨两墩座，并每端挑出约 150mm。

将这四块木板与三根宽为 75mm、厚为 50mm 的木条以互相垂直的方式钉在一起，四块木板之间以 12mm 的间隔对齐并排，而三根木条中的两根分别靠近木板的两端放置，还有一根则放置在四块木板的中间。

制作野餐桌

两边配有长凳的野餐桌建造比较简单，基本上是用螺钉将组件连接在一起。

桌子由三个脚架支撑起来，每个脚架是用宽为 62mm、厚为 35mm 的软木条拼成，其中两根木条呈八字形叉开，另一木条横跨在前两根木条的端部，再用螺钉固定。

立起脚架，在脚架的两根叉开的木条之间再横着钉上一木条，该木条约离地 450mm，然后在该木条上用螺钉固定两块宽为 150mm、厚为 35mm 的木板，以此作为长凳；同样的木板铺排在脚架的顶部可形成桌面。

组装桌腿

在一段木材锯切六条 900mm 长的桌腿。在同段木材中再锯切三根木条，作为两桌腿之间的横木，长度同样是 900mm。把一对桌腿平放在地面上，端部位置上叠放着横木，并钻出约 10mm 的孔，插入螺栓，加入垫圈，拧上螺母，但在这阶段先不需要拧得太紧实。

其他两个脚架的组装也是按照如此步骤进行。组装完成后，确保把螺母都拧紧。

安装承托凳面的木条

锯切三段长 1.5m、宽 62mm、厚 35mm 的抛光木条，用以承托凳面，同时也作为桌子脚架的加固木条。

把组装好的脚架平放在地面上，将上述的一段木条横放在脚架上，使其顶部边缘距离脚架约 450mm，并使其在脚架两侧都均匀突出一部分。

在木条和脚架叠放的位置钻孔，用螺钉使脚架与承托凳面的木条牢实结合。其他承托凳面的木条同样以这样的步骤安装到剩余的脚架。

安装桌面和凳面

锯切九块长为 1.5m、宽为 150mm、厚为 35mm 的木板，在每块木板的每一端各钻两个孔，这些木板将作为桌面和凳面。其中两侧的长凳面共需要四块木板，每侧各两块固定在承托凳面的木条上；其余的五块木板固定在脚架的顶部横木上，作为桌面。

凳面和桌面的木板之间均有 12mm 的小缝隙，并且两端都稍微突出支撑脚架。

野餐桌：分解图

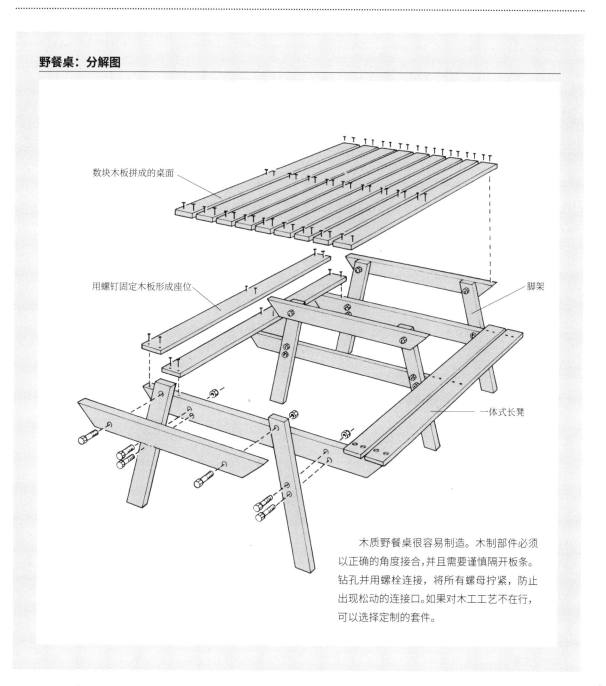

数块木板拼成的桌面

用螺钉固定木板形成座位

脚架

一体式长凳

木质野餐桌很容易制造。木制部件必须以正确的角度接合，并且需要谨慎隔开板条。钻孔并用螺栓连接，将所有螺母拧紧，防止出现松动的连接口。如果对木工工艺不在行，可以选择定制的套件。

制作花园长凳

组装野餐桌椅

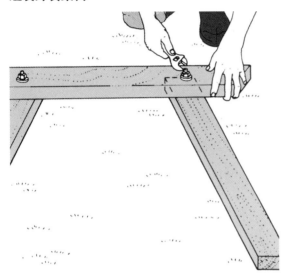

1 两桌腿和顶部横木以螺钉连接，形成野餐桌的脚架。

2 锯切承托凳面的木条，在距离桌腿底部约 450mm 的位置，用螺钉将其固定到两桌腿之间。

3 在突出桌腿的承托凳面的木条上固定木板。

4 桌面同凳面一样都用螺钉固定，设在脚架的顶部横木上，记得木板之间要留有 12mm 的小缝隙。